Miniguide tout terrain

plantes de santé

Traduction de Marlies Gerner

Nathan

Déterminer les plantes de santé d'après leur couleur

➤ **Couleur rouge pages 12 à 33**

Toutes les plantes de santé arborant des fleurs aux teintes rougeâtres, allant du rose tendre au violet rougeâtre et au brun-rouge, en passant par le rouge, sont illustrées dans ces pages.

➤ **Couleur blanche pages 34 à 67**

Toutes les plantes de santé arborant des fleurs aux teintes blanches, allant du blanc de neige au blanc verdâtre, en passant par le crème, sont illustrées dans ces pages.

➤ **Couleur bleue pages 68 à 83**

Toutes les plantes de santé arborant des fleurs aux teintes bleues, allant du bleu tendre au violet-bleu, en passant par le bleu profond, sont illustrées dans ces pages.

La partie consacrée à la détermination des plantes de santé est divisée en cinq groupes de couleurs.

➤ **Couleur jaune**
pages 84-113

Toutes les plantes de santé arborant des fleurs aux teintes jaunes, allant du jaune pâle à l'orange, en passant par le jaune verdâtre, sont illustrées dans ces pages.

➤ **Couleur verte ou fleurs insignifiantes**
pages 114-121

Toutes les plantes de santé arborant des fleurs aux teintes vertes ou très petites et insignifiantes, sont illustrées dans ces pages.

Symboles des parties végétales principalement utilisées comme drogue :

- racine
- parties aériennes
- feuilles
- fleurs
- fruits ou graines

plante très toxique

D'éventuels préjudices pour la santé causés par l'utilisation de plantes à faible toxicité sont indiqués dans le texte.

Le monde des plantes de santé

Qu'est-ce qu'une plante de santé ? Des composants de nombreuses plantes peuvent guérir ou soulager certains maux. Ce guide nature présente les herbes, arbres et arbustes les plus importants de nos régions, collectés de tout temps pour leurs vertus curatives. Outre ces herbes médicinales sauvages, on trouve également la description de plantes qui poussèrent d'abord dans les jardins des monastères moyenâgeux, puis dans les jardins paysans. Elles sont à présent cultivées dans les musées en plein air et dans les jardins d'herbes officinales reconstitués ; certaines se sont également naturalisées, on peut les trouver parfois en pleine nature.

La protection de la nature avant tout

Parmi les plantes de santé, quelques espèces sont menacées dans la nature et sont par conséquent protégées au niveau national ou régional. En aucun cas ces plantes ne doivent être cueillies et surtout pas déterrées. Même si certaines plantes paraissent plus fréquentes, il faut veiller à ne pas mettre en danger les populations locales par une collecte excessive.

› La Petite Camomille a une inflorescence capitulée.

Les noms latins

Dans ce guide figure également le nom latin des plantes de santé. Ces noms latins sont d'un usage international et donc sans équivoque. Pour les produits pharmaceutiques à base de plantes médicinales, de même qu'en homéopathie, les noms latins sont généralement d'usage.

Structure d'une fleur papilionacée

Structure d'une fleur ligulée

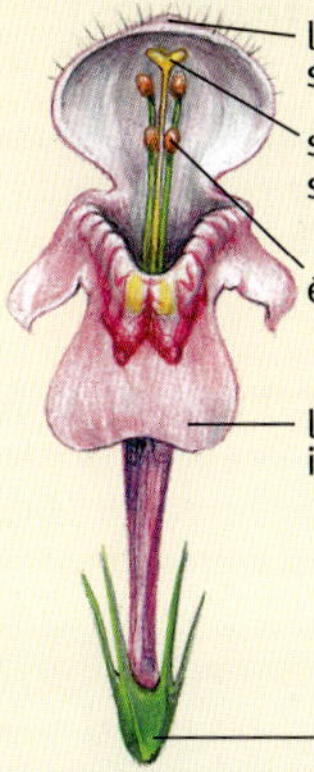

› Les fleurs papilionacées, de même que les fleurs ligulées montrent une structure de symétrie bilatérale.

Les fleurs

Le plus souvent, c'est l'aspect des fleurs qui est la caractéristique la plus importante pour le non-initié désireux de les déterminer avec succès.

La forme des fleurs

Aussi compliquée qu'une fleur puisse sembler, elle se compose toujours de quatre parties : calice, couronne, étamines et ovaire avec style et stigmate. La structure florale peut être radiale ou de symétrie bilatérale, facteurs déterminés principalement par le nombre et la forme des pétales.

Les inflorescences

De nombreuses plantes développent une inflorescence composée de plusieurs fleurs. Une ombelle, par exemple, rassemble des fleurs solitaires dont les pédoncules convergent en un point ; une panicule est une inflorescence avec plusieurs axes de ramification ; une grappe possède un seul axe pourvu de fleurs pédonculées. Chez les composées, comme la Camomille, le pédoncule semble porter une seule grande fleur. Il s'agit en réalité d'une inflorescence capitulée, composée de nombreuses fleurs ligulées et tubulées.

Les feuilles

En dehors de la floraison, les feuilles constituent les organes les plus caractéristiques des plantes.

Les formes de feuilles

Les feuilles peuvent être simples ou pennées. Le limbe des feuilles simples forme une surface continue, celui des feuilles pennées est divisé jusqu'à la côte médiane. Lorsque les folioles sont à leur tour divisées, on parle de feuilles bipennées ou également pluripennées.

› Potentille ansérine
(Potentila anserina)

Les feuilles particulières

Les bractées sont des feuilles dont les aisselles donnent naissance à des fleurs ou à des pousses latérales. Les stipules se trouvent à la base du pétiole, et les gaines foliaires sont des élargissements du pétiole, entourant ce dernier comme une enveloppe.

Le port

Certains arbres ou arbustes font partie des plantes de santé. Ils possèdent un tronc ligneux, des branches et des rameaux, et vivent de nombreuses années. Cependant, la plupart des plantes de santé sont des plantes vivaces, c'est-à-dire des plantes herbacées non lignifiées ou lignifiées tout au plus dans leur partie inférieure. Elles résistent à l'hiver grâce à des organes de réserve et de survie : les racines, des parties de pousses souterraines ou des bulbes.
Enfin, il existe des plantes de santé annuelles ou bisannuelles. Les plantes annuelles terminent leur cycle de vie à l'intérieur d'une période de végétation avec la formation de graines. Celles-ci germent au printemps suivant. Les bisannuelles survivent à l'hiver en tant que petites plantes et ne fleurissent que la seconde année.

Formes foliaires

arrondie à ovale

allongée à lancéolée

palmati-pennée

pennée

pluripennée

Limbes foliaires

entier

denté

échancré

Disposition des feuilles

rubasale

opposée

alterne

› En phytothérapie, le Millepertuis est considéré comme une plante de santé efficace.

Bonnes drogues – mauvaises drogues

En pharmacie, toute forme de substance à effet médicinal est considérée comme une drogue ; dans le cas d'une plante de santé, ce sont les éléments qui la composent. C'est dans ce sens positif que le terme « drogue » est utilisé dans le présent guide, alors que la signification qui lui est allouée dans la langue de tous les jours est exclusivement négative.

Ce qui fait une plante de santé

À condition d'une utilisation appropriée, certains composants végétaux ont un effet favorable sur la santé de l'organisme humain. Mais administrées à dose trop élevée ou trop longtemps, nombre de drogues sont susceptibles de devenir un poison. Par ailleurs, certaines plantes considérées jusqu'alors comme remède universel s'avèrent toxiques dans certaines utilisations.

Remèdes toxiques

Les alcaloïdes font partie des toxines les plus fortes du règne végétal. Ils agissent sur le système nerveux et sont utilisés en médecine comme remède antidouleur ou comme sédatif fort. De nombreuses plantes de santé contiennent des glucosides, des combinaisons de sucres de compositions les plus diverses, parmi lesquelles éga-

La prudence s'impose

Toute plante de santé contient des principes actifs. Certains peuvent être contre-indiqués, d'autres mortels. Il est donc indispensable de bien connaître les plantes et de prendre conseil auprès d'un médecin avant de se lancer dans quelque automédication que ce soit.

› Les Mauves sont riches en mucilages et en tanins.

lement certaines toxines fortes. Les saponines et les flavonoïdes comptent elles aussi parmi les combinaisons de sucres à effet médicinal.

D'autres composants

Les huiles essentielles sont des substances volatiles à l'odeur souvent perceptible. Les tanins se lient aux muqueuses et aident par exemple lors de refroidissements ou de diarrhées. Les principes amers stimulent l'activité des glandes digestives, telle la vésicule biliaire. Les mucilages sont « enveloppants ». C'est la raison pour laquelle des plantes comme la Mauve servent de sédatif lors d'une inflammation de la cavité buccale ou des bronches.

› L'Ail des ours contient une huile à l'odeur intense.

Déterminer les plantes de santé

› Les étamines et le style émergent de la fleur largement déployée de la Bruyère commune.

Bruyère commune | Callune fausse-bruyère

Calluna vulgaris

DESCRIPTION Arbuste à feuilles persistantes de 20 à 50 cm de haut, avec rameaux couchés ou dressés ; jeunes rameaux nettement quadrangulaires ; feuilles de la taille de petites écailles, se recouvrant comme des tuiles ; de juillet à août, des fleurs roses (rarement blanches), serrées ; de minuscules capsules globuleuses brunâtres à partir de septembre.

HABITAT Pinèdes claires, landes et dunes dans toute l'Europe ; sur sols secs, pauvres en substances nutritives ; fréquente.

UTILISATIONS Les feuilles séchées et les fleurs contiennent des tanins, des glucosides et de l'arbutine. Ce dernier composant étant désinfectant, la phytothérapie moderne utilise la Bruyère en cas d'infections urinaires. Dans la médecine populaire, la tisane sert de diurétique lors de troubles de la vessie et des reins, de rhumatismes et de goutte.

CARACTÉRISTIQUE
Les fleurs à 4 pétales et 4 sépales identiques, non soudés entre eux, sont très serrées.

› On obtient le suc laiteux toxique en entaillant la capsule du Pavot somnifère.

Pavot somnifère

Papaver somniferum

Description Plante annuelle de 30 à 150 cm de haut ; tige glabre dans sa partie inférieure, couverte de poils rugueux et clairsemés dans sa partie supérieure ; feuilles ovoïdes à allongées, vert-gris ; de juin à août de grandes fleurs rose tendre, violettes ou rouges ; capsule arrondie ; blessée, la plante sécrète un suc laiteux blanc.

Caractéristique
La fleur pouvant atteindre 10 cm de diamètre avec ses 4 larges pétales, ainsi que les capsules arrondies font du Pavot somnifère une plante impossible à confondre.

Habitat Cultivé à des fins médicinales dans le sud-est de l'Europe, en Asie Mineure et en Asie du Sud-Est ; rarement devenu sauvage.

Utilisations En médecine, on utilise le suc laiteux des capsules non mûres. Il contient des drogues connues comme la morphine, la codéine et la papavérine. Tous les produits de cette plante toxique sont soumis à la loi sur les stupéfiants et à la prescription par un médecin. En revanche, les graines du Pavot somnifère pour la pâtisserie sont dépourvues de toxines.

› La Rose trémière *(Alcea rosea)* est une plante typique des jardins paysans et peu importante médicinalement.

Guimauve officinale | Althée

Althaea officinalis

DESCRIPTION Plante vivace de 60 à 150 cm de haut; feuilles alternes, obovales, à bord denté ou plus profondément échancré; entre juillet et septembre, fleurs rose clair, parfois blanches, dans les aisselles des feuilles supérieures, 5 pétales incisés au bord et barbus à la base intérieure; fruits se décomposant en parties contenant chacune une graine.

HABITAT Prairies, berges, prés salés; sur sols humides.

UTILISATIONS La racine et les feuilles contiennent des mucilages. Les feuilles renferment en plus des huiles essentielles. La drogue émolliente et anti-inflammatoire est utilisée lors d'affections de la gorge et des bronches et comme expectorant. Elle est également prescrite en cataplasmes sur les furoncles.

CARACTÉRISTIQUE

On peut distinguer la Guimauve officinale de la Rose trémière grâce à ses fleurs rose clair pouvant atteindre 5 cm de diamètre, et au duvet feutré qui couvre tiges et feuilles.

Petite Mauve

Mauve à feuilles rondes

Malva neglecta

CARACTÉRISTIQUE
La Petite Mauve se distingue d'autres mauves semblables par sa tige rampante et ses feuilles arrondies.

DESCRIPTION Plante annuelle d'environ 10 à 40 cm de haut, avec tige couchée, dressée seulement à l'extrémité, couverte d'un duvet moelleux ; feuilles arrondies, longuement pétiolées, à bord denté, échancrées cordiformes à la base du pétiole ; de juin à septembre, des fleurs roses à presque blanches pouvant atteindre 2,5 cm de diamètre ; fruits arrondis, se décomposant en méricarpes, comestibles.

HABITAT Bords des chemins, lieux incultes ; sur sols argileux ; rare.

UTILISATIONS Les feuilles de la Petite Mauve contiennent beaucoup de mucilages et un peu de tanins. Cette combinaison aide en cas d'inflammations gastriques, de la cavité buccale et de la gorge : les mucilages apaisent la toux, les tanins sont astringents et protègent ainsi les muqueuses. Cette drogue est utilisée principalement sous forme de gargarismes.

Églantier | Rosier de chien

Rosa canina

DESCRIPTION Arbuste dense de 1 à 3 m de haut, aux rameaux et branches retombants, munis d'aiguillons crochus ; feuilles alternes, imparipennées, 5 à 7 folioles ovales, à bord denté ; en juin, fleurs généralement rose tendre de 4 à 5 cm de diamètre à l'extrémité des rameaux ; les fruits sont des églantines allongées rouges et charnues (voir 2e de couverture, en bas).

HABITAT Taillis, haies, lisières des forêts ; sur sols argileux.

UTILISATIONS En médecine populaire, on utilise les pétales et les églantines comme laxatif léger. Ils contiennent tanins, acides et glucose ; les églantines fraîches ont une teneur élevée en vitamine C. On peut en faire de la confiture ou du sirop. En médecine classique, on utilise l'Églantier comme diurétique en présence de calculs rénaux et biliaires.

CARACTÉRISTIQUE

Les 5 pétales des fleurs rose tendre sont légèrement échancrés, les sépales réfléchis après la floraison ou tombant.

> Le Petit Boucage *(Pimpinella saxifraga)* aux feuilles semblables est facile à reconnaître à ses ombelles lors de la floraison.

Sanguisorbe officinale

Grande Pimprenelle

Sanguisorba officinalis

DESCRIPTION Plante vivace de 30 à 150 cm de haut, avec tige dressée se ramifiant peu, seulement dans sa partie supérieure ; feuilles pennées, feuilles basales réunies en rosette, avec jusqu'à 15 folioles, feuilles caulinaires alternes, avec moins de folioles ; de juin à août, à l'extrémité de la tige, capitules ovoïdes jusqu'à 3 cm de long et montrant de petites fleurs rouge sombre ; fruits en forme d'akènes.

CARACTÉRISTIQUE
Les capitules ovoïdes pourpres, avec leurs fleurs solitaires composées seulement de sépales, rendent la Sanguisorbe officinale impossible à confondre.

HABITAT Prairies détrempées, marécages, fossés et rives ; sur sols à humidité changeante ; rare par régions.

UTILISATIONS Au Moyen Âge, on pensait que la Sanguisorbe officinale aidait à lutter contre les hémorragies en raison de ses fleurs rouges. En fait, des parties de la plante contiennent des tanins susceptibles de contracter le bord des plaies. En homéopathie, cette plante est administrée pour des problèmes circulatoires.

› Les fleurs de la Gentianelle ou Herbe-à-Chiron *(Centaurium erythraea)*, protégée, sont de couleur semblable, mais plus intense.

Saponaire officinale | Herbe à savon

Saponaria officinalis

DESCRIPTION Plante vivace de 30 à 70 cm de haut, avec tige généralement non ramifiée ; feuilles opposées, longues et minces, à bord entier ; fleurs de juillet à septembre, disposées à plusieurs dans les aisselles des feuilles supérieures, généralement rose clair, parfois également presque blanches ; pétales à l'entrée de la gorge du calice avec écaille à deux pointes ; fruit en forme de capsule à un compartiment. **HABITAT** Berges des rivières, bords des chemins, terres incultes ; sur sols humides.

CARACTÉRISTIQUE
Les 5 pétales de la fleur se montrent dans un calice long et soudé, ayant un aspect gonflé en fin de floraison.

UTILISATIONS Les racines de la Saponaire officinale contiennent de grandes quantités de saponine. La racine broyée mousse dans l'eau et a l'effet du savon. Les saponines sont expectorantes, la médecine classique les utilise en cas de bronchites. En homéopathie, la Saponaire officinale est administrée contre la dépression.

Valériane officinale

Valeriana officinalis

CARACTÉRISTIQUE
Les feuilles pennées-lancéolées ainsi que les boutons de fleurs roses à blanches quand elles s'ouvrent font de la Valériane officinale une plante impossible à confondre.

DESCRIPTION Plante vivace de 70 à 180 cm de haut, avec tige dressée striée ; feuilles opposées imparipennées, disposées à la base en rosette, pubescentes sur la face inférieure ; en juillet-août, des inflorescences ombellées rassemblant de petites fleurs rose clair à blanchâtres ; des fruits en forme de minuscules akènes présentant en permanence les restes du calice à l'extrémité.

HABITAT Endroits clairs dans les forêts, prairies détrempées, fossés et berges ; sur sols argileux humides.

UTILISATIONS Depuis l'Antiquité, la Valériane officinale est connue comme sédatif lors de dépressions et d'insomnies ; cet effet est dû aux composants de la racine. L'utilisation en infusion doit être limitée. L'attrait exercé par la Valériane sur les chats est dû à sa forte odeur.

> Les Myrtilles fraîches sont riches en vitamines ; séchées, elles aident à lutter contre la diarrhée.

Myrtille

Vaccinium myrtillus

DESCRIPTION Arbuste dense, très ramifié et atteignant tout au plus 0,50 m ; jeunes rameaux encore verts à angles longitudinaux ailés ; feuilles alternes, ovales, finement et régulièrement dentées ; fleurs sphériques de mai à juin, solitaires dans les aisselles des feuilles supérieures ; fruits bacciformes bleu foncé, souvent pruinés, à chair et jus de couleur bleue.

HABITAT Forêts, landes marécageuses ; sur sols acides ou tourbeux ; fréquente.

UTILISATIONS Les fruits contiennent, entre autres, tanins, flavonoïdes, acides de fruits et vitamines, et les feuilles renferment tanins et flavonoïdes. La médecine classique utilise les propriétés hypoglycémiantes de la Myrtille. En médecine populaire, la décoction de baies séchées lutte contre la diarrhée.

CARACTÉRISTIQUE
Les pétales rouges, souvent également verdâtres de la Myrtille sont soudés pour former une fleur sphérique, montrant à l'avant seulement une étroite ouverture à 5 lobes.

› On peut encore distinguer le calice à 5 lobes sur les baies d'abord vertes, puis noires à maturité.

Belladone

Atropa belladonna

CARACTÉRISTIQUE
Les fleurs campanulées de la Belladone sont disposées dans un calice à 5 lobes ; leur couleur varie entre le rouge sombre et le violet-bleu.

DESCRIPTION Plante vivace de 60 à 120 cm de haut, avec tige très ramifiée ; feuilles alternes, à peu près ovoïdes, effilées à l'avant, face inférieure plus claire, nettement veinée ; fleurs en juin-juillet, solitaires dans les aisselles foliaires des parties centrale et supérieure de la tige, campanulées, calice à 5 lobes ; fruits bacciformes noir luisant, de 1 à 1,5 cm de diamètre, au jus rose-marron.

HABITAT Endroits clairs des forêts, principalement forêts de montagne ; sur sols riches en substances nutritives ; fréquente.

UTILISATIONS La Belladone est une plante toxique mortelle, à éviter à tout prix par le néophyte. Des médicaments antispasmodiques et pour dilater les pupilles contiennent toutefois différents alcaloïdes contenus dans la plante. Au Moyen Âge, la Belladone fut connue comme composant essentiel des pommades de sorcières.

Les feuilles inférieures du Chardon-Marie sont grossièrement dentées et forment une large rosette.

Chardon-Marie | Chardon argenté

Silybum marianum

DESCRIPTION Chardon annuel de 50 à 150 cm de haut; feuilles aux nervures blanchâtres, en rosette basale, alternes sur la tige, feuilles inférieures profondément dentées, feuilles supérieures presque entières, épineuses; de juin à septembre, capitules rassemblant de nombreuses fleurs tubuleuses, bractées pourvues d'un long appendice ; fruits de 7 mm de long, aux aigrettes blanches luisantes.
HABITAT Bords des chemins, décombres, champs; sols secs et rocailleux.

CARACTÉRISTIQUE
Le Chardon-Marie est facile à reconnaître à ses grandes feuilles marbrées de blanc et à ses bractées épineuses.

UTILISATIONS Le Chardon-Marie aurait autrefois été cultivé comme légume. La plante a un effet sur les fonctions hépatiques; elle contient des flavonoïdes et des principes amers. La médecine classique, l'homéopathie et la phytothérapie moderne l'utilisent contre les troubles digestifs et des maladies hépatiques.

Dans l'inflorescence de la Grande Bardane, on voit souvent ensemble des fleurs à tous les stades de développement.

Grande Bardane | Bardane commune

Arctium lappa

Description Chardon annuel de 60 à 180 cm de haut, avec tige aux rainures longitudinales ; feuilles basales pouvant atteindre 50 cm de long, nettement cordiformes, feuilles caulinaires beaucoup plus petites ; en juillet-août apparaissent des fleurs groupées en capitules sphériques, fleurs solitaires pourpres, tubuleuses ; bractées se terminant en une épine en crochet ; fruits de 7 mm de long, pourvus d'une corolle de poils jaunâtres.

Habitat Bords des chemins, berges des rivières, remblais ; sur sols argileux.

Utilisations À éviter en cas de grossesse. En médecine, seule la racine de la Grande Bardane est importante. Elle contient du mucilage, des essences et des huiles ainsi qu'un principe antibiotique. Elle entre dans des préparations diurétiques.

Caractéristique

Les grandes feuilles et les capitules pouvant atteindre 4,5 cm de diamètre avec leurs bractées crochues sont des caractéristiques sûres pour reconnaître la Grande Bardane.

› L'Échinacée pourpre *(Echinacea purpurea)* aux fleurs semblables a des feuilles plus larges. Elle possède les mêmes propriétés médicinales.

Échinacée à feuilles étroites | Rudbeckie

Echinacea angustifolia

Description Plante vivace pubescente de 60 cm de haut, avec tige droite souvent ramifiée dans sa partie supérieure ; feuilles étroites ; de mai à octobre, des capitules pouvant atteindre 7 cm de diamètre, montrant des fleurs ligulées périphériques d'un rose intense, souvent légèrement pendantes ; fruits quadrangulaires, pourvus d'une corolle d'aigrettes.

Habitat Originaire d'Amérique du Nord ; cultivée en Europe à des fins médicinales ou ornementales.

Utilisations Les Indiens connaissaient déjà l'Échinacée comme plante de santé. Ils l'utilisèrent pour soigner les blessures et en cas de fièvres. La phytothérapie moderne utilise surtout l'échinacine, obtenue des feuilles et des racines. Elle accroît, en pommade ou en gouttes, la défense immunitaire contre les infections.

Caractéristique
Les grands capitules avec leur centre très bombé brun-rouge font de l'Échinacée à feuilles étroites une plante impossible à confondre.

> La Corydale à bulbe creux *(Corydalis cava)*, semblable, présente des fleurs plus grandes avec un long éperon et des feuilles plus largement pennées.

Fumeterre officinale | Fiel de terre

Fumaria officinalis

DESCRIPTION Plante annuelle d'environ 10 à 40 cm de haut, avec tige ramifiée glabre ; feuilles alternes, pennées, chaque foliole étant à son tour divisée en folioles étroites qui se terminent en pointe, pruinées vert-bleu ; entre avril et octobre, les extrémités des rameaux montrent des grappes lâches composées de nombreuses fleurs roses à rouge foncé, disposées dans les aisselles de petites bractées ; sépales à bord denté ; fruits en forme de nucules globuleuses.

HABITAT Champs, terres incultes, jardins, vignobles ; sur sols riches.

UTILISATIONS Les parties vertes de la Fumeterre contiennent des substances tonifiant le flux biliaire. Pour cela cette plante est utilisée en phytothérapie moderne en cas de troubles de la vésicule biliaire et pour ses propriétés diurétiques et laxatives.

CARACTÉRISTIQUE
Les fleurs d'à peine 1 cm de diamètre possèdent un éperon épais, une petite bosse verdâtre sur la lèvre supérieure et des sépales minces.

Agripaume cardiaque

Leonurus cardiaca

DESCRIPTION Plante vivace de 30 à 150 cm de haut, avec tige ramifiée ; feuilles opposées, larges et profondément divisées en 3 à 7 lobes dans la partie inférieure de la tige, plus étroites dans la partie supérieure et se terminant en 2 ou 3 longues pointes ; fleurs pourpre clair, apparaissant entre juin et septembre dans de nombreux verticilles, dans les aisselles des feuilles supérieures, calice des fleurs solitaires avec pointes acérées, corolle labiée ; fruits insignifiants, divisés en 4 méricarpes.

HABITAT Terres incultes, bord des chemins, broussailles ; sur sols humides.

UTILISATIONS La plante contient, entre autres, des glucosides cardiotoniques et des alcaloïdes. Les composants des parties aériennes sont sédatifs. L'absorption d'importantes quantités peut provoquer vomissements et douleurs abdominales.

CARACTÉRISTIQUE

Les feuilles typiques divisées en pointes et l'inflorescence longue rendent l'Agripaume cardiaque unique.

> L'inflorescence serrée avec ses fleurs solitaires d'un rouge intense constitue une caractéristique de la Bétoine officinale.

Bétoine officinale | Épiaire officinale

Stachys officinalis

DESCRIPTION Plante vivace de 20 à 70 cm de haut, avec tige dressée quadrangulaire ; bord foliaire denté émoussé, feuilles caulinaires opposées, ridées, feuilles basales plus grandes, pétiolées, disposées en rosette ; de juin à août, fleurs dans de longues inflorescences en épi à l'extrémité de la tige ; fleurs ligulées solitaires avec lèvre supérieure aplatie et lèvre inférieure tripartite, calice pubescent ; fruits insignifiants, divisés en 4 méricarpes.

HABITAT Forêts claires, prairies, marais ; sur sols argileux.

UTILISATIONS La Bétoine officinale est une ancienne plante médicinale peu utilisée de nos jours. Elle contient tanins et principes amers, et servit, en usage externe, de cicatrisant ; en infusion, elle est utilisée contre la diarrhée ; en gargarisme, pour les inflammations des voies respiratoires.

CARACTÉRISTIQUE
Les feuilles caulinaires ridées, longuement pétiolées, ainsi que les inflorescences en épi caractérisent la Bétoine officinale.

> Le Thym commun *(Thymus vulgaris)* a des fleurs ligulées roses très semblables, mais son port est plus haut que celui du Serpolet des bergères.

Serpolet des bergères

Thymus pulegioides

DESCRIPTION Plante vivace de seulement 5 à 20 cm de haut, dont les rameaux les plus âgés peuvent se lignifier ; tige quadrangulaire aux arêtes velues, principalement au niveau des fleurs ; feuilles opposées, ovales, entières ; entre juin et septembre, des inflorescences allongées, serrées, composées de fleurs ligulées roses ; fruits insignifiants, divisés en 4 méricarpes ; plante entière dégageant une odeur aromatique.

HABITAT Prairies, bords des chemins, murs ; sur sols sablonneux arides.

UTILISATIONS Comme chez le Thym commun, les parties vertes du Serpolet des bergères contiennent des principes amers, essences, tanins et flavonoïdes. Il est rarement utilisé comme aromate ; la médecine populaire l'emploie en infusion contre les troubles digestifs.

CARACTÉRISTIQUE

Seuls les angles de la tige du Serpolet des bergères sont velus, tandis que les poils couvrent la tige du Thym commun sur l'ensemble de son pourtour.

› L'Origan commun est parfois planté dans le jardin comme herbe aromatique.

Origan commun | Marjolaine

Origanum vulgare

DESCRIPTION Plante vivace de 20 à 40 cm de haut, pouvant parfois atteindre 90 cm, avec tige quadrangulaire présentant des feuilles ovales opposées, effilées; fleurs apparaissant de juillet à septembre dans des inflorescences ombellées à l'extrémité de la tige; fleurs solitaires roses, dans les aisselles des bractées rouges; fruits insignifiants.

CARACTÉRISTIQUE
Les fleurs solitaires semblent composées de 5 pétales, mais il s'agit en réalité de fleurs ligulées dont la lèvre supérieure est divisée et la lèvre inférieure trilobée.

HABITAT Broussailles aérées, forêts, bords des chemins et prairies sèches; sur sols pierreux.

UTILISATIONS Les parties vertes de l'Origan commun renferment principalement différentes huiles essentielles. Il a une action antispasmodique. Dans la médecine populaire, son infusion est utilisée contre les troubles digestifs et les quintes de toux, mais aussi contre les douleurs au bas-ventre. L'Origan commun est utilisé comme condiment.

› La Digitale jaune *(Digitalis lutea)* légèrement plus petite est aussi toxique que la Digitale pourprée apparentée.

Digitale pourprée

Digitalis purpurea

DESCRIPTION Plante bisannuelle à pluriannuelle, de 50 à 150 cm de haut, avec tige non ramifiée, très velue ; feuilles ovales, face inférieure couverte d'un duvet feutré gris, disposées en rosette basale, et alternes sur la tige ; fleurs de juin à août, pouvant atteindre 5 cm de long, pourpres à rose pâle, rarement blanches ; fruit en forme de capsule noire mûrissant pendant la floraison.

HABITAT Clairières et chemins des forêts ; sur sols argileux.

UTILISATIONS La Digitale pourprée est une plante mortelle, dont les feuilles contiennent des glucosides cardiotoniques. Autrefois, les médecins traitaient l'insuffisance cardiaque avec cette drogue ; aujourd'hui, l'industrie pharmaceutique fabrique seulement certains glucosides isolés, plus faciles à doser. En homéopathie, cette plante est toujours utilisée.

CARACTÉRISTIQUE

Les grosses fleurs campanulées sont disposées en une longue grappe, toutes étant tournées vers la même direction.

> La Bugrane rampante *(Ononis repens)*, semblable, est dépourvue d'épines et sa tige est entourée de poils hirsutes.

Bugrane épineuse | Arrête-bœuf

Ononis spinosa

DESCRIPTION Sous-arbrisseau de 30 à 60 cm de haut, tige lignifiée à la base, épineuse dans sa partie inférieure ; feuilles alternes, divisées en 3 folioles ovoïdes à bord denté ; entre juin et septembre apparaissent, dans les aisselles foliaires supérieures, des fleurs papilionacées de 2 cm de long environ, roses, avec un étendard veiné sombre ; fruit en forme de gousse gonflée d'environ 1 cm de long ; odeur désagréable.

HABITAT Pelouse semi-sèche, bords des chemins, pâturages ; sur sols calcaires.

UTILISATIONS La racine contient, entre autres, des tanins et des glucosides. La drogue est diurétique et prescrite en médecine classique et en homéopathie pour les affections rénales. La médecine populaire l'emploie en cas de goutte, de rhumatismes et d'eczémas.

CARACTÉRISTIQUE

Les grosses fleurs papilionacées, les épines et les feuilles trifides sont des caractéristiques nettes de la Bugrane épineuse.

› Le Trèfle intermédiaire *(Trifolium medium)*, semblable, possède des feuilles plus minces et des tiges croissant en zigzag.

Trèfle des prés | Trèfle rouge | Trèfle commun

Trifolium pratense

DESCRIPTION Plante vivace de 10 à 30 cm de haut, avec tiges couchées mais se redressant à l'extrémité ; feuilles alternes, tripartites avec folioles ovales pourvues de motifs clairs ; 2 stipules ovoïdes à la base du pétiole ; entre mai et septembre apparaissent à l'extrémité de la tige des inflorescences sphériques composées de fleurs papilionacées roses ; gousse restant enfermée dans le calice desséché.

CARACTÉRISTIQUE
La fleur solitaire papilionacée du Trèfle des prés se présente dans un calice pubescent terminé par de fins lobes couverts de poils très longs.

HABITAT Prairies et bords des chemins ; sur sols riches en substances nutritives ; très fréquent.

UTILISATIONS Aujourd'hui, le Trèfle des prés est utilisé presque exclusivement comme plante fourragère pour le bétail. Toutefois il contient entre autres des tanins qui en faisaient autrefois une plante de santé appréciée. L'infusion de ses fleurs séchées s'utilisait contre la toux.

Pied-de-lièvre

Trèfle des champs

Trifolium arvense

Caractéristique
Les inflorescences, avec leurs poils blanchâtres, rappelant les chatons des saules, sont une caractéristique sûre du Pied-de-lièvre.

Description Trèfle annuel à bisannuel de 5 à 30 cm de haut, avec tige couchée à dressée, très velue, souvent pruinée rouge ; feuilles alternes, typiquement trifides, folioles étroites, couvertes d'un duvet soyeux des deux côtés ; à la base du pétiole, 2 stipules étroites soudées entre elles ; fleurs apparaissant entre juin et septembre dans des capitules allongés, dont la couleur passe du blanc au rose au cours de la floraison ; calices des fleurs solitaires papilionacées pourvus de longs poils blancs ; fruits en forme de gousse.

Habitat Bords des chemins, pelouses, terres incultes et champs.

Utilisations Dès le Moyen Âge, les composants du Pied-de-lièvre, entre autres, tanins et huiles essentielles, furent employés à des fins médicinales. La drogue apaiserait la diarrhée et fut utilisée jusqu'à récemment dans la médecine populaire.

> À première vue, les plantes de très petite taille peuvent avoir un aspect atypique, mais l'odeur d'ail exclut toute confusion.

Alliaire officinale

Alliaria petiolata

DESCRIPTION Plante annuelle à bisannuelle, de 20 à 100 cm de haut ; feuilles triangulaires à cordiformes, à bord denté, feuilles supérieures plus petites que feuilles inférieures ; fleurs blanc pur, apparaissant d'avril à juin dans des inflorescences ombellées ; 4 pétales minces blancs situés sur une trouée formée par 4 sépales verts ; fruits en forme de mince cosse de 2 à 7 cm de long.

HABITAT À la lisière des forêts, haies, jardins et terres incultes ; fréquente.

UTILISATIONS L'Alliaire officinale contient des huiles essentielles et des glucosides qui sont à l'origine de l'odeur caractéristique d'ail. Autrefois, dans la médecine populaire, les parties vertes fraîches étaient utilisées en cas d'inflammations des voies respiratoires. Les feuilles finement coupées peuvent remplacer l'ail dans les salades.

CARACTÉRISTIQUE

La caractéristique la plus sûre pour reconnaître l'Alliaire officinale est sa forte odeur d'ail diffusée par les feuilles froissées.

› Le Cresson alénois *(Lepidium sativum)*, cultivé comme condiment pour salades, et parfois devenu sauvage, possède des cosses rondes.

Bourse-à-pasteur | Bourse de berger

Capsella bursa pastoris

DESCRIPTION Plante annuelle de 5 à 40 cm de haut, avec tige à peine ramifiée ; feuilles basales en rosette, dentées comme celles du Pissenlit, feuilles caulinaires dépourvues de pétiole, engainant la tige avec 2 lobes sagittés ; fleurs apparaissant de février à novembre, parfois toute l'année, en grappes ombellées ; fleurs solitaires de seulement 5 mm de diamètre, avec 4 pétales blancs et 4 sépales verts ; fruits en forme de cosse pédicellée cordiforme.

HABITAT Champs, jardins, terres incultes et bords des chemins ; très fréquente.

UTILISATIONS En phytothérapie moderne, l'infusion de Bourse-à-pasteur est indiquée comme hémostatique en cas d'hémorragies externes et internes. Les sages-femmes du Moyen Âge connaissaient déjà cet effet ; elles en faisaient usage principalement lors d'hémorragies utérines.

CARACTÉRISTIQUE

Les cosses cordiformes se développant en dessous des fleurs sont une caractéristique typique de la Bourse-à-pasteur.

› Contrairement aux étamines du Cresson de fontaine, celles des jeunes fleurs de la Cardamine amère *(Cardamine amara)* sont déjà violet-rouge.

Cresson de fontaine

Cresson officinal | Cresson d'eau

Nasturtium officinale

DESCRIPTION Plante vivace de 15 à 50 cm de haut, avec tige ronde et feuilles pennées ; folioles ovoïdes ; petites fleurs blanches divisées en 4, entre avril et juillet dans des grappes serrées ; tiges des étamines d'abord jaunes, puis violet-rouge au fur et à mesure qu'elles mûrissent ; fruits en forme de cosse de 2 cm de long sur 2 mm de large.
HABITAT Sols boueux près des rivières, fossés, berges, ruisseaux.
UTILISATIONS Le Cresson de fontaine contient de petites quantités de glucosides. Il favorise la digestion. En phytothérapie moderne, la drogue obtenue à partir des parties vertes est une composante de remèdes biliaires ; l'homéopathie l'utilise pour des troubles de l'estomac. Les feuilles fraîches à teneur élevée en vitamine C sont appréciées lors d'une cure de printemps et comme dépuratif.

CARACTÉRISTIQUE
Le Cresson de fontaine a la tige creuse et ses étamines sont d'abord jaunes.

› Les racines fraîches râpées donnent un condiment épicé. Celui du commerce est obtenu à partir des racines du Raifort cultivé ou Radis noir.

Raifort | Moutarde des capucins | Herbe au scorbut

Armoracia rusticana

DESCRIPTION Plante vivace de 40 à 120 cm de haut, avec tige angulaire creuse ; feuilles basales pouvant atteindre 1 m de long, dentées, feuilles caulinaires de plus en plus petites vers le haut, à bord plus profondément incisé ; fleurs blanches, de seulement 5 à 9 mm de diamètre, entre mai et juillet en grappe serrée ; fruits en forme de siliques ovoïdes de 4 à 6 mm de long ; racine charnue.
HABITAT Originaire de l'est de l'Europe et de l'ouest de l'Asie, cultivé en Europe ; peut devenir sauvage dans des sols riches en substances nutritives.
UTILISATIONS La racine du Raifort contient des glucosides, qui déterminent sa saveur, ainsi que des substances antibiotiques. Dans la médecine populaire, on l'utilise comme diurétique. Son usage est contre-indiqué aux femmes enceintes et en cas d'irritation du tube digestif.

CARACTÉRISTIQUE
La racine charnue jaune grisâtre est la caractéristique la plus sûre du Raifort. Sa tige montre des angles et des rainures nets.

› Le Gaillet gratteron ou Gratteron *(Galium aparine)* apparenté possède une tige couverte de soies qui adhèrent aux vêtements.

Aspérule odorante | Reine des bois | Thé suisse

Galium odoratum

Description Plante vivace de 15 à 30 cm de haut, tige mince non ramifiée, feuilles lancéolées en verticilles ; fleurs blanches en avril-mai dans une inflorescence lâche ; petits fruits secs à poils crochus.
Habitat Forêts de feuillus et forêts d'essences mixtes ; sur sols riches en humus.
Utilisations Le composant le plus important de l'Aspérule odorante est la coumarine qui se dégage quand la plante sèche et lui prête son parfum caractéristique. Placée dans les armoires, elle éloigne les mites. Cette plante était utilisée au Moyen Âge pour son effet antispasmodique et sédatif. Elle est déconseillée aujourd'hui car elle peut provoquer des hémorragies internes. Elle entre cependant dans la composition de certains médicaments contre les troubles circulatoires.

Caractéristique
Les feuilles disposées en verticilles, les fleurs à 4 pétales et le parfum de la plante en train de sécher caractérisent l'Aspérule odorante.

Mouron des oiseaux

Stellaire

Stellaria media

CARACTÉRISTIQUE

On reconnaît le Mouron des oiseaux avec certitude à son port et à une rangée longitudinale de poils sur la tige.

DESCRIPTION Plante annuelle d'environ 5 à 40 cm de haut, mince tige couchée avec 1 ou 2 rangées de poils ; feuilles ovales pointues ; dans des conditions favorables, fleurs apparaissant toute l'année, blanches, de 4 à 7 mm de diamètre, avec 5 pétales divisés presque jusqu'à la base ; fruits en forme de petite capsule pourvue de 6 longues dents.

HABITAT Champs, terres incultes et jardins ; très fréquent.

UTILISATIONS Le Mouron des oiseaux contient beaucoup de sels minéraux et de vitamine C. Hildegarde de Bingen mentionna cette herbe comme vermifuge, et le prêtre bavarois Sébastien Kneipp le vanta comme calmant et expectorant. Dans la médecine populaire, on l'utilise en cas de rhumatismes et d'arthrites, ou en cataplasme sur les blessures et eczémas. L'homéopathie le prescrit contre le psoriasis.

> Vue de haut, la structure des ombelles composées de l'Ægopode podagraire devient particulièrement nette.

Ægopode podagraire | Herbe aux goutteux

Aegopodium podagraria

DESCRIPTION Plante vivace de 30 à 100 cm de haut, avec tige creuse dressée, angulaire ; feuilles alternes enveloppant la tige avec un pétiole en forme de gaine ; feuilles inférieures trifoliolées, feuilles supérieures doublement tripartites ; fleurs en juin-juillet, blanches, dans 20 petites ombelles qui à leur tour sont rassemblées en une grande ombelle ; fruits ovoïdes, bruns, mesurant 3 mm.

HABITAT Forêts de feuillus et mixtes, broussailles, jardins ; sur sols humides ; très fréquent. Autrefois cultivé dans les monastères.

CARACTÉRISTIQUE

Les ombelles composées et les feuilles doublement tripartites sont caractéristiques.

UTILISATIONS L'Ægopode podagraire, remède autrefois apprécié contre rhumatismes et goutte, est prescrit en homéopathie pour ces mêmes indications. En usage externe, l'herbe fraîche a un effet cicatrisant et fut utilisée en cataplasmes ou bains contre les hémorroïdes. Les feuilles peuvent provoquer des éruptions cutanées.

› Attention au risque de confusion ! La Ciguë aquatique ou vireuse *(Cicuta virosa)*, très toxique, se distingue du Carvi par ses folioles à bord denté acéré.

Carvi | Cumin des prés

Carum carvi

CARACTÉRISTIQUE
Outre les fruits odorants, le Carvi se caractérise par les deux feuilles à la base de la gaine foliaire.

DESCRIPTION Plante bisannuelle de 30 à 70 cm de haut ; tige angulaire, ramifiée dès la base ; feuilles pluripennées, folioles mesurant à peine plus de 1 mm de diamètre, pétiole élargi en une gaine pourvue de 2 folioles supplémentaires ; ombelles blanches regroupant 8 à 15 petites ombelles apparaissant d'avril à juin ; fruits composés de 2 méricarpes falciformes à l'odeur de cumin.

HABITAT Prairies et pâturages ; sur sols riches en substances nutritives ; souvent cultivé comme herbe aromatique ; fréquent.

UTILISATIONS Ses fruits contiennent différentes huiles essentielles dont la carvone. Le carvi stimule la digestion ; on l'ajoute aux mets provoquant des flatulences. L'huile est une composante de bains de bouche et de médicaments contre les spasmes gastriques. En raison du risque de confusion avec des ombellifères mortelles, il vaut mieux se procurer le Carvi dans le commerce.

› Le Céleri-rave est l'une des formes cultivées du Céleri sauvage.

Céleri sauvage | Ache

Apium graveolens

DESCRIPTION Plante bisannuelle de 25 à 80 cm de haut, avec racine fusiforme donnant naissance à des tiges angulaires creuses ; feuilles bipennées, folioles profondément dentées ; fleurs se montrant de juin à septembre, blanches, en 5 à 10 petites ombelles, rassemblées à leur tour dans une ombelle plus grande ; fruits de seulement 2 mm de diamètre, ronds, légèrement aplatis.

HABITAT Côtes de la mer du Nord et de la Baltique ; sur sols salés ; souvent cultivé puis devenu sauvage.

UTILISATIONS Le Céleri contient des huiles essentielles qui lui donnent son parfum typique. C'est un tonique et un diurétique. Autrefois, les racines cuites avec du sucre donnèrent un sirop pour la toux. En raison du risque de confusion avec des ombellifères toxiques, n'utiliser que des espèces cultivées.

CARACTÉRISTIQUE

Toute la plante dégage nettement l'odeur de céleri. Les fleurs, blanches en général, peuvent aussi être jaunâtres ou verdâtres.

› La Petite Ciguë *(Aethusa cynapium)* toxique est semblable, mais présente toujours 3 bractées en dessous des petites ombelles.

Cerfeuil

Anthriscus cerefolium

CARACTÉRISTIQUE
La plante entière sent nettement l'anis. Plusieurs bractées fines se montrent à la base de petites ombelles florales.

DESCRIPTION Plante annuelle de 30 à 60 cm de haut, avec tige ronde faiblement pubescente ; feuilles pluripennées, folioles se terminant en pointe, dentées ; fleurs se présentant en mai-juin, blanches, en 2 à 5 petites ombelles, réunies à leur tour dans une grande ombelle ; fruits marron foncé, luisants.

HABITAT Originaire d'Asie occidentale, puis cultivé très tôt en Europe ; a pu devenir sauvage sur sols argileux et riches.

UTILISATIONS Aujourd'hui, le Cerfeuil diurétique et sudorifique est surtout utilisé comme herbe aromatique. Il contient de la vitamine C et se consomme cru. Au Moyen Âge, il était très apprécié pour ses vertus apéritives et digestives. On le recommandait en cas de vertiges, de vers intestinaux et de jaunisse. Il est conseillé de ne consommer que du Cerfeuil cultivé, car le risque de confusion avec des ombellifères toxiques est aisé.

Impératoire

Peucedanum ostruthium

DESCRIPTION Plante vivace de 50 à 100 cm de haut, avec tige creuse striée ; feuilles pennées de 30 cm de long, doublement tripartites ; fleurs blanches, en juillet-août, jusqu'à 50 en petites ombelles, réunies dans une grande ombelle ; fruits ailés de 5 mm de diamètre.
HABITAT Montagnes d'Europe au-dessus de 1 200 m d'altitude ; sur sols pas trop secs ; rare.
UTILISATIONS Au Moyen Âge, l'Impératoire fut considérée comme remède universel pour divers maux, dont la bronchite, la goutte, les rhumatismes, la fièvre, les morsures, pour cela elle fut très cultivée dans les jardins paysans alpins. Aujourd'hui, on utilise encore les huiles essentielles et les tanins de la racine pour leur effet sédatif et digestif dans des préparations prêtes à l'emploi et des eaux-de-vie amères. Plante légèrement toxique.

CARACTÉRISTIQUE
Les feuilles doublement tripartites, ainsi que les gaines foliaires renflées sont caractéristiques de l'Impératoire légèrement toxique.

Surelle petite oseille

Alléluia

Oxalis acetosella

CARACTÉRISTIQUE
Le soir et par temps humide, les pennes foliaires se replient vers le bas et les fleurs blanches à nervures sombres se ferment.

DESCRIPTION Plante vivace de seulement 5 à 15 cm de haut, sans tige ; feuilles émergeant directement d'un rhizome souterrain, pétiolées, tripartites, avec folioles cordiformes ; fleurs en avril-mai, solitaires sur de longs pédoncules, avec 5 pétales blancs à nervures rougeâtres et 5 sépales ovales ; fruit en forme de capsule de 1 cm de long.
HABITAT Dans les forêts de feuillus et les forêts d'essences mixtes, sous-bois humides ; très fréquente.
UTILISATIONS Les feuilles acidulées de la Surelle petite oseille sont parfois ajoutées dans les salades d'herbes sauvages. Cette utilisation n'est cependant pas sans danger car, absorbé en grandes quantités, l'acide oxalique déterminant le goût est toxique. L'homéopathie est la seule à utiliser les feuilles en cas de maladies du métabolisme, de troubles digestifs, de maladies du foie et de la vésicule biliaire.

Ellébore noir | Rose de Noël | Herbe de feu

Helleborus niger

DESCRIPTION Plante vivace persistante de 5 à 25 cm de haut, avec tige non ramifiée ; feuilles basales palmatipennées à bord denté, feuilles caulinaires simples, entières ; fleurs entre décembre et mars, de 5 à 10 cm de diamètre, blanches, parfois roses, solitaires à l'extrémité de la tige ; petits follicules.

HABITAT Dans les forêts de hêtres et les forêts de pins des Alpes calcaires ; très rare ; parfois devenu sauvage à partir de jardins ; espèce protégée.

UTILISATIONS Le rhizome de l'Ellébore noir contient un glucoside cardiaque et des saponines. Ces composants extrêmement toxiques ne sont utilisés qu'en médecine classique et en homéopathie pour traiter la faiblesse cardiaque, les crampes et les psychoses. Le rhizome en poudre est un composant de la poudre à éternuer.

CARACTÉRISTIQUE
La floraison hivernale et les grosses fleurs aux nombreuses étamines font de l'Ellébore noir, entièrement toxique, une plante unique.

> Il faut remarquer les vrilles spiralées sur les rameaux de la Bryone dioïque.

Bryone dioïque | Navet du diable | Couleuvrée

Bryonia dioica

DESCRIPTION Plante vivace grimpante de 2 à 3 m de haut, avec rameaux couverts de poils rugueux qui se cramponnent à un support à l'aide de vrilles ; feuilles alternes, couvertes de poils rugueux, à bord échancré en 5 lobes triangulaires ; fleurs en juin-juillet, fleurs mâles verdâtres, femelles blanches, sur des plantes différentes ; fruits très toxiques en forme de petites baies ressemblant à des groseilles.
HABITAT Broussailles, champs, clôtures ; sur sols riches en substances nutritives.
UTILISATIONS La Bryone dioïque contient des alcaloïdes, des principes amers et est une plante toxique mortelle. On utilisa autrefois sa racine comme purgatif. Son suc peut provoquer des inflammations dermatologiques. En médecine, seule l'homéopathie utilise cette plante en cas de rhumatismes et de goutte.

CARACTÉRISTIQUE
En été, la Bryone dioïque porte souvent simultanément des baies vertes et des baies rouges à des stades différents de maturité.

> Les bords frangés des pétales prêtent au Trèfle d'eau sa forme florale extraordinaire.

Trèfle d'eau | Ményanthe

Menyanthes trifoliata

DESCRIPTION Plante aquatique vivace de 15 à 30 cm de haut, glabre, rhizome épais rampant dans la boue ; feuilles longuement pétiolées, divisées en 3 folioles à la manière d'un trèfle ; fleurs de mai à juillet, de presque 2 cm de diamètre, avec pétales finement frangés à 5 lobes et blancs ; fruit en forme de petite capsule.
HABITAT Marais et marécages ; assez rare.
UTILISATIONS Les feuilles étaient autrefois considérées comme fébrifuge, mais on ne put trouver aucun fondement médical à cette application. Il est vrai qu'elles contiennent différents principes amers et des tanins, et sont encore aujourd'hui prescrites médicalement dans quelques préparations en cas de manque d'appétit et de troubles digestifs. L'homéopathie l'utilise pour traiter la grippe et les maux de tête.

CARACTÉRISTIQUE

Le Trèfle d'eau est la seule plante des marais à fleurs blanches montrant des pétales à bord frangé.

› À la période de fructification, le Raisin-d'ours avec ses baies d'un rouge lumineux est impossible à confondre.

Raisin-d'ours | Busserole officinale

Arctostaphylos uva-ursi

DESCRIPTION Sous-arbrisseau rampant ramifié à feuilles persistantes, 30 à 100 cm de haut, tapissant le sol ; feuilles ovales, entières, brillantes, coriaces ; fleurs apparaissant entre mars et juillet, en grappes à l'extrémité des rameaux ; pétales blanc rosé, soudés, campanulés ; baies rouges.

HABITAT Forêts de pins aérées, rochers ; sur sols pauvres en substances nutritives.

UTILISATIONS Le Raisin-d'ours est une plante de santé reconnue également par la médecine classique. Ses feuilles contiennent des substances bénéfiques en cas d'inflammation des voies urinaires ou de la vessie. L'infusion ne peut être prescrite que par le médecin, car des quantités importantes ou une utilisation prolongée peuvent nuire à la santé.

CARACTÉRISTIQUE
Le Raisin-d'ours montre sur le dessous foliaire des veines réticulées saillantes. Ses fleurs campanulées blanc rosé se terminent en 5 lobes courts.

Fraisier des bois | Fraisier sauvage

Fragaria vesca

DESCRIPTION Plante vivace de 5 à 20 cm de haut, pouvant développer de longs stolons aériens ; feuilles divisées en 3 folioles ovales à bord denté, dessous couvert d'un duvet argenté ; fleurs apparaissant d'avril à septembre, blanches. Les fraises parfumées sont en fait de faux fruits portant de minuscules akènes.

HABITAT Endroits humides dans les forêts et les taillis ; fréquent.

UTILISATIONS Les fruits du Fraisier des bois contiennent du sucre et de la vitamine C. De tout temps, ils furent appréciés et collectés comme fruits sauvages, mais peuvent ne pas être tolérés. Médicinalement, on utilise principalement les feuilles ; elles contiennent tanins, flavonoïdes et huiles essentielles. Leur infusion est administrée lors de diarrhées et comme dépuratif et diurétique.

CARACTÉRISTIQUE

Les 5 pétales arrondis blancs se montrent au centre de 2 cercles de sépales verts. À la période de fructification, ceux-ci sont nettement écartés.

Reine-des-prés

Filipendula ulmaria

CARACTÉRISTIQUE
Les feuilles se composent de 2 à 5 paires de folioles, entre lesquelles se présentent de toutes petites folioles sur la côte médiane.

DESCRIPTION Plante vivace imposante pouvant atteindre 2 m de haut ; feuilles alternes, imparipennées, folioles allongées à bord denté acéré ; de grandes panicules lâches apparaissant de juin à août, dégageant une odeur douceâtre d'amande, fleurs solitaires avec 5 pétales blanc jaunâtre ; fruits minuscules, enroulés en spirale.

HABITAT Sur les berges de lacs et de cours d'eau souvent en peuplements denses, également dans les forêts humides ; fréquente.

UTILISATIONS Les fleurs de la Reine-des-prés contiennent des composés salicylés, des flavonoïdes et des tanins. Dans la médecine populaire, une infusion des fleurs non épanouies ou des feuilles est considérée comme sudorifique en cas de refroidissements et diurétique. Elle est aussi utilisée pour soulager les douleurs rhumatismales.

> Dans les fruits bacciformes rouges de l'Aubépine à un style se trouve un petit noyau.

Aubépine à un style | Aubépine monogyne

Crataegus monogyna

DESCRIPTION Arbuste de 3 à 5 m de haut, parfois aussi petit arbre ; rameaux munis d'épines d'environ 1 cm de long ; feuilles profondément échancrées en plusieurs lobes, dessous foliaire pubescent dans les angles entre les nervures ; fleurs en mai-juin dans des panicules ombellées ; fruits rouges, farineux, d'environ 1 cm, globuleux à ovoïdes.

HABITAT Forêts, broussailles ; cultivée dans les parcs.

UTILISATIONS Les fruits et les fleurs de l'Aubépine à un style contiennent des flavonoïdes et d'autres principes actifs. Dans la médecine populaire, on consomme les fruits en purée contre la diarrhée. En médecine et en homéopathie, les principes actifs de cette plante sont administrés en cas de troubles cardiaques, car ils stimulent l'irrigation sanguine des coronaires.

CARACTÉRISTIQUE
Les fleurs possèdent un seul style, celles de l'Aubépine épineuse *(Crataegus laevigata)*, qui a les mêmes propriétés, en ont deux.

› Les drupes fraîches du Prunellier ne sont pas comestibles ; leur goût âpre ne s'adoucit qu'après les premières gelées.

Prunellier | Épine noire | Prunier épineux

Prunus spinosa

DESCRIPTION Arbuste de 1 à 3 m de haut, rarement petit arbre avec écorce gris foncé ; rameaux pourvus de longues épines ; feuilles alternes, ovales, à bord denté ; fleurs en mars ou avril, avant les feuilles, blanches, par 5 ; drupes bleu-noir pruinées.
HABITAT Lisières des forêts et bords des chemins, broussailles.
UTILISATIONS Les fruits contiennent des tanins, des acides et de la vitamine C. On en fait des boissons alcoolisées. Dans la médecine populaire, leur jus frais est utilisé en bain de bouche en cas d'inflammations de la cavité buccale et des gencives. Mais ce sont plutôt les fleurs qui sont importantes pour la médecine classique : elles sont considérées comme un laxatif léger et administrées en homéopathie lors d'insuffisances cardiaques et du système nerveux.

CARACTÉRISTIQUE
Les feuilles ainsi que les fleurs du Prunellier sont extrêmement serrées sur les rameaux. Les longues épines sont une caractéristique sûre.

› À la période de fructification, le Sureau noir est facile à reconnaître à ses baies groupées en panicules pendantes.

Sureau noir | Haut bois

Sambucus nigra

DESCRIPTION Arbuste de 3 à 7 m de haut ou petit arbre ; écorce claire avec verrues liégeuses brun foncé ; feuilles opposées, imparipennées avec 5 à 7 folioles ; fleurs en mai ou juin, couleur crème, de seulement 7 mm de diamètre, réunies dans des panicules ombellées, parfumées ; baies sphériques noires groupées en panicules pendantes.

HABITAT Lisières des forêts et clairières, broussailles.

UTILISATIONS Les fleurs du Sureau noir contiennent, entre autres, huiles essentielles, flavonoïdes ainsi que tanins. Leur infusion sert de remède sudorifique lors de refroidissements et comme diurétique. Les fruits crus, riches en vitamines, sont laxatifs mais peuvent provoquer des nausées. Le sirop ou la compote de fruits ont les mêmes effets que les fleurs.

CARACTÉRISTIQUE

Une caractéristique sûre à chaque saison est la moelle blanche, molle, des rameaux du Sureau noir.

› À la fin du printemps, le Sorbier des oiseleurs développe de très belles inflorescences ombellées régulières.

Sorbier des oiseleurs | Sorbier des grives

Sorbus aucuparia

DESCRIPTION Arbuste ou arbre de 3 à 15 m de haut ; feuilles alternes, imparipennées avec 9 à 19 folioles ; fleurs en mai-juin, d'environ 1 cm de diamètre, blanches, disposées dans de grandes panicules ombellées ; fruits globuleux rouges, avec plusieurs noyaux.
HABITAT Forêts de feuillus claires, lisières des forêts et broussailles ; fréquent ; souvent cultivé comme plante ligneuse d'ornement.
UTILISATIONS Les fruits contiennent des acides, des tanins et beaucoup de vitamine C. Les graines renferment de petites quantités de combinaisons d'acide cyanhydrique toxiques ; c'est la raison pour laquelle il est déconseillé de consommer les baies crues. Les fruits ont été utilisés comme remède contre le scorbut ; en phytothérapie moderne et dans la médecine populaire, ils sont considérés comme un laxatif léger.

CARACTÉRISTIQUE
Outre les fleurs et fruits caractéristiques, le Sorbier des oiseleurs se distingue par son écorce grise lisse, presque luisante.

> Attention aux confusions ! La Gratiole officinale *(Gratiola officinalis)*, très toxique, a des fleurs semblables, mais des feuilles minces et entières.

Euphraise commune | Euphraise officinale

Euphrasia rostkoviana, Euphrasia officinalis

Description Plante annuelle de 5 à 25 cm de haut, avec tige dressée, ramifiée très bas ; feuilles opposées, ovales, à bord denté pointu ; fleurs entre mai et octobre, blanches striées de violet, à l'aisselle des feuilles supérieures, calice avec 4 lobes pointus, corolle bilabiée, lèvre inférieure divisée en 3 lobes ; fruits en forme de capsule de 4 à 6 mm seulement, velue.

Habitat Bords des champs, chemins, prairies de montagne ; sur sols pauvres en substances nutritives.

Utilisations Au Moyen Âge, l'infusion d'Euphraise commune était considérée comme salutaire lors de maladies des yeux. Aujourd'hui, dans la phytothérapie moderne, son efficacité est discutée. En revanche, l'homéopathie utilise la plante en cas de conjonctivites et de rhume des foins.

Caractéristique

Les fleurs blanches striées de violet à cœur jaune, et les feuilles dentées sont caractéristiques de l'Euphraise commune.

Achillée millefeuille

Herbe de saint Jean | Sourcils de Vénus

Achillea millefolium

DESCRIPTION Plante vivace de 40 à 70 cm de haut ; tige dressée, dure ; feuilles alternes, pluripennées, duveteuses, au parfum aromatique ; fleurs de juin à octobre, blanches à roses, disposées dans des capitules de 4 à 10 mm de diamètre, rassemblés dans une inflorescence ombellée ; fruits minuscules.

HABITAT Prairies, pâturages, bords des chemins ; fréquente.

UTILISATIONS Les parties aériennes de cette plante contiennent huiles essentielles, principes amers et tanins. En infusion, stimule la digestion, calme les spasmes et a un effet anti-inflammatoire. Cette infusion peut aussi servir à nettoyer les plaies. En homéopathie, utilisée pour les plaies. Le suc de la plante peut être urticant si on la manipule en plein soleil.

CARACTÉRISTIQUE

Les feuilles pluripennées et les capitules réunis en ombelle constituent les caractéristiques de l'Achillée millefeuille.

› La Grande Marguerite *(Leucanthemum vulgare)* a un port plus haut et des capitules plus larges.

Pâquerette vivace | Petite Marguerite

Bellis perennis

DESCRIPTION Plante vivace de 5 à 15 cm de haut, dont les feuilles allongées à poils courts sont disposées en rosette basale ; tige sans feuilles et très velue ; capitules de 1 à 3 cm de diamètre, avec fleurs ligulées extérieures blanches et fleurs tubulées intérieures jaunes, s'épanouissant de février à décembre ; fruits secs, minuscules.

HABITAT Prairies grasses et pâturages, pelouses, bords des chemins ; sur sols argileux riches en substances nutritives ; très fréquente.

UTILISATIONS Les fleurs contiennent saponines, tanins, principes amers, mucilages et huiles essentielles. Dans la médecine populaire, les feuilles fraîches calment les contusions ; des compresses imprégnées d'infusion aident à la cicatrisation de plaies. L'homéopathie s'en sert contre les contusions. Les jeunes feuilles peuvent être ajoutées à une salade.

CARACTÉRISTIQUE

Le port bas et les fleurs connues de tout un chacun font de la petite Pâquerette vivace une plante impossible à confondre.

› La Camomille inodore *(Tripleurospermum inodorum)*, semblable, montre un réceptacle rempli.

Petite Camomille | Camomille allemande | Matricaire

Chamomilla recutita, Matricaria recutita

DESCRIPTION Plante annuelle pouvant atteindre 50 cm de haut, avec tige très ramifiée ; feuilles alternes, pluripennées ; fleurs entre mai et septembre, dans des capitules solitaires à l'extrémité des tiges ; fleurs ligulées périphériques blanches, fleurs tubulaires intérieures jaune d'or, réceptacle conique, creux ; fruits secs de 1,5 mm.

HABITAT Champs, terres incultes, bords des chemins ; sols argileux riches en substances nutritives ; fréquente par régions.

UTILISATIONS L'infusion des fleurs de la Petite Camomille est un remède anti-inflammatoire et antispasmodique. Elle est bénéfique en cas de troubles gastriques et intestinaux, mais à des doses élevées elle peut faire vomir. En usage externe, les lotions sont efficaces lors d'affections dermatologiques et de blessures infectées.

CARACTÉRISTIQUE

Toutes les parties de la Petite Camomille dégagent un parfum aromatique.
La caractéristique la plus sûre chez cette espèce est toutefois le réceptacle creux.

› En regardant à l'intérieur de la fleur du Lamier blanc, on aperçoit 4 étamines.

Lamier blanc | Ortie blanche | Ortie folle

Lamium album

DESCRIPTION Plante vivace de 20 à 50 cm de haut, avec tige dressée, non ramifiée, quadrangulaire ; feuilles opposées, dentées à la manière des orties, mais non piquantes ; d'avril à octobre, fleurs ligulées blanches disposées en verticilles serrées dans les aisselles foliaires, calice avec 5 dents aiguës ; fruit divisé en 4 nucules.
HABITAT Bords des chemins, terres incultes, broussailles, lisières des forêts ; sur sols argileux riches en substances nutritives, pas trop secs ; très fréquent.
UTILISATIONS Le Lamier blanc, dont les fleurs et les feuilles sont utilisées en médecine, contient tanins, saponines et mucilages. Il est administré lors d'inflammations des voies respiratoires, mais également en cas de troubles gastriques, intestinaux et urinaires. En homéopathie, il peut agir pour les troubles du sommeil.

CARACTÉRISTIQUE
Les feuilles ressemblant à celles de l'Ortie, mais non piquantes, et les fleurs ligulées de 2 cm de long caractérisent le Lamier blanc.

› L'inflorescence de la Mélisse officinale se compose de verticilles lâches de fleurs ligulées.

Mélisse officinale

Citronnelle | Piment des abeilles

Melissa officinalis

CARACTÉRISTIQUE
Presque exclusivement cultivée, on peut reconnaître aisément la Mélisse officinale à l'odeur citronnée de ses feuilles.

DESCRIPTION Plante vivace de 30 à 90 cm de haut, avec tige quadrangulaire ; feuilles opposées, ovales, à bord grossièrement denté ; fleurs entre juin et août, blanches, parfois bleu ciel à lilas, disposées en verticilles dans les aisselles des feuilles supérieures ; fruits divisés en 4 nucules. Odeur citronnée.
HABITAT Originaire de la région méditerranéenne, souvent cultivée dans les jardins comme herbe aromatique ; parfois devenue sauvage.
UTILISATIONS Les feuilles de la Mélisse officinale renferment des huiles essentielles, mais également des tanins et des flavonoïdes. La Mélisse est sédative, antispasmodique ; elle possède aussi des propriétés antibactériennes et antivirales. C'est la raison pour laquelle on l'utilise en cas de spasmes nerveux de l'estomac et des intestins, lors d'affections de la vésicule biliaire, de même que dans le traitement de l'insomnie.

› Les inflorescences du Lycope d'Europe sont situées directement dans les aisselles des feuilles supérieures.

Lycope d'Europe | Pied-de-loup | Chanvre d'eau

Lycopus europaeus

Description Plante vivace de 20 à 80 cm de haut, avec tige droite quadrangulaire ; feuilles opposées, les inférieures profondément divisées, les supérieures ovales, étroites, toutes à bord denté ; en juillet-août, des inflorescences presque sphériques dans les aisselles des feuilles supérieures, fleurs ligulées blanches ponctuées de rouge, calice muni de 5 pointes velues ; fruits divisés en 4 nucules aplaties.

Habitat Rives, fossés, prairies marécageuses, lisières humides des forêts ; toujours sur sols humides.

Utilisations Les parties vertes de la plante renferment différents acides organiques, des tanins et des huiles essentielles. Il est prouvé que la drogue influence la fonction de la thyroïde. Elle est administrée sous forme de préparations différentes en cas d'hyperthyroïdie et de troubles cardiaques nerveux.

Caractéristique

Les feuilles dentées et les inflorescences sphériques constituent des caractéristiques manifestes du Lycope d'Europe.

> Ce sont les fruits du Marronnier d'Inde qui renferment les principes actifs.

Marronnier d'Inde

Marronnier commun | Châtaignier de cheval

Aesculus hippocastanum

DESCRIPTION Arbre de 10 à 30 m de haut, avec couronne arrondie large et tronc droit à écorce fissurée ; feuilles palmatipartites, folioles pouvant atteindre 20 cm de long, à bord finement denté ; entre avril et juin, panicules florales dressées, fleurs solitaires avec 5 pétales de tailles différentes, blancs, arborant d'abord des motifs jaunes, puis rouges ; fruits (marrons d'Inde) brun luisant, écorce coriace, contenus dans une coque verte épineuse.

HABITAT Originaire des Balkans, cultivé en Europe centrale comme arbre des avenues et des parcs.

UTILISATIONS Les marrons contiennent des saponines et des flavonoïdes qui interviennent dans des préparations toutes faites prescrites en cas de varices et d'hémorroïdes. Les bains ou pommades favoriseraient la circulation sanguine.

CARACTÉRISTIQUE
Le Marronnier d'Inde est le seul arbre d'Europe à porter des feuilles palmatipartites.

Muguet

Convallaria majalis

DESCRIPTION Plante vivace de 10 à 30 cm de haut, avec rhizome mince donnant naissance à 2 ou 3 feuilles lancéolées à nervures parallèles ; de mai à juin, grappes de 3 à 10 fleurs campanulées blanches sur une tige sans feuilles, fleurs orientées vers le même côté, très parfumées ; fruits en forme de baies rouge lumineux.

CARACTÉRISTIQUE

Les fleurs campanulées pouvant atteindre plus de 1 cm de diamètre, et qui émergent généralement entre 2 feuilles, rendent le Muguet impossible à confondre.

HABITAT Forêts de feuillus ; dans les Alpes jusqu'à la limite des forêts de feuillus ; fréquent.

UTILISATIONS Le Muguet contient des saponines et différents glucosides agissant sur le cœur qui en font une plante très toxique. Ses feuilles furent utilisées pour traiter l'insuffisance cardiaque et les œdèmes dus à la mauvaise circulation sanguine. L'homéopathie en fait un usage similaire.

> Les bulbes très minces sont caractéristiques de l'Ail des ours.

Ail des ours

Allium ursinum

CARACTÉRISTIQUE
Les feuilles de l'Ail des ours peuvent se confondre facilement avec celles du Muguet toxique. Broyées, elles dégagent une forte odeur d'ail.

DESCRIPTION Plante à bulbe de 10 à 50 cm de haut, avec bulbe très mince mesurant 3 cm, qui donne généralement naissance à seulement 2 feuilles allongées aux nervures parallèles ; entre avril et juin apparaissent des fleurs étoilées blanches, réunies dans une inflorescence en ombelle aplatie ; fruits en forme de capsule à 3 valves.
HABITAT Forêts de feuillus et forêts d'essences mixtes ombragées, forêts périodiquement inondées.
UTILISATIONS Les feuilles et les bulbes renferment une huile ressemblant à celle de l'ail. Elle est à l'origine de l'odeur forte que dégage un peuplement d'Ail des ours. Cette plante, que l'on ajoute souvent fraîche dans une salade d'herbes sauvages, favorise la digestion, préviendrait l'artériosclérose et l'hypertension et est utilisée dans le traitement de maladies de la peau.

› De petites bulbilles se montrent entre les fleurs de l'inflorescence.

Ail | Chapon

Allium sativum

DESCRIPTION Plante à bulbe pouvant atteindre 80 cm de haut ; bulbe composé de plusieurs gousses ; feuilles entières, longues et minces, nettement carénées au niveau de la côte médiane ; fleurs de juin à août dans des inflorescences ombellées, restant longtemps entourées d'une spathe ; capsules insignifiantes.

HABITAT Probablement originaire d'Asie centrale, en Europe uniquement cultivé ; parfois devenu sauvage.

CARACTÉRISTIQUE

L'involucre effilé en forme de spathe entourant l'inflorescence de l'Ail n'existe chez aucune autre liliacée.

UTILISATIONS Le composant le plus important des gousses d'ail est leur huile qui développe une odeur pénétrante. Dans le corps, l'huile est transformée en une substance désinfectante qui favorise la digestion. Cette substance prévient l'hypertension et l'athérosclérose. Dans les pays méridionaux, l'Ail est utilisé comme vermifuge.

> L'Ail de cerf ou Ail victorial *(Allium victorialis)*, étroitement apparenté, pousse en montagne.

Oignon

Allium cepa

DESCRIPTION Plante vivace pouvant atteindre 1,50 m de haut ; tige émergeant d'un bulbe, creuse, renflée dans sa partie inférieure, feuillue seulement à la base ; feuilles minces, également creuses ; de juin à août, de nombreuses fleurs blanches à roses à 6 pétales, réunies dans une inflorescence sphérique de 6 à 15 cm de diamètre à l'extrémité de la tige ; capsules insignifiantes.

HABITAT Probablement originaire de l'Asie occidentale, cultivé en Europe depuis le Moyen Âge.

UTILISATIONS Bien qu'il entre dans quelques préparations en pharmacie, outre son emploi comme plante aromatique, l'Oignon constitue principalement un remède familial pour traiter la toux, les refroidissements. Il est aussi un dépuratif et un stimulant de l'appétit et de la digestion. On apaise les piqûres d'insectes avec le jus frais.

CARACTÉRISTIQUE

La tige renflée en tube, ainsi que la grosse inflorescence sphérique sont des caractéristiques typiques de l'Oignon.

› La Véronique germandrée *(Veronica teucrium)* développe des inflorescences nettement plus hautes.

Véronique aquatique | Véronique beccabunga

Veronica beccabunga

DESCRIPTION Plante vivace de 10 à 50 cm de haut, avec tige rampante à dressée, pruinée bleu ; feuilles opposées, ovales, charnues, à bord denté arrondi ou entier ; de mai à septembre, fleurs peu nombreuses, à 4 pétales bleus à violet-bleu, dans des grappes longuement pédonculées, parcourus de nervures plus sombres ; fruits en forme de capsule angulaire insignifiante.

HABITAT Fossés, rives et prairies humides ; fréquente.

UTILISATIONS Les parties aériennes de la plante contiennent des tanins et un glucoside légèrement toxique. La phytothérapie moderne ne l'utilise plus ; autrefois, la médecine populaire la préconisait en infusion comme dépuratif et diurétique. Par petites quantités, elle peut servir d'herbe aromatique en salade d'herbes sauvages.

CARACTÉRISTIQUE

Contrairement à la Véronique officinale, les fleurs de la Véronique aquatique apparaissent dans les aisselles foliaires et non pas à l'extrémité de la tige.

› La Véronique des montagnes *(Veronica montana)* porte des feuilles arrondies et pousse en montagne jusqu'à la limite des forêts de feuillus.

Véronique officinale

Thé d'Europe

Veronica officinalis

CARACTÉRISTIQUE
Parmi les 4 pétales bleu clair de la Véronique officinale, le pétale supérieur est un peu plus grand et le pétale inférieur plus mince que les deux latéraux.

DESCRIPTION Plante vivace de 10 à 20 cm de haut, avec tige rampante ramifiée et couverte de poils rugueux ; feuilles opposées, ovales, elles aussi velues ; fleurs de mai à juillet dans des grappes lâches à l'extrémité des tiges, calice quadrilobé, pétales bleu clair, de taille différente ; capsule velue, à peu près cordiforme.

HABITAT Forêts, prairies maigres, pâturages et landes ; sur sols acides, pierreux et secs.

UTILISATIONS Les parties aériennes de la Véronique officinale renferment des glucosides légèrement toxiques, des principes amers, tanins et flavonoïdes. La drogue fait partie de quelques préparations pharmaceutiques pour traiter la toux, les inflammations stomacales et intestinales, des troubles de la vessie, les rhumatismes et maladies de la peau, et est également utilisée en homéopathie.

> Chez la Pulmonaire officinale, une inflorescence peut à la fois porter des fleurs rougeâtres et des fleurs violet-bleu.

Pulmonaire officinale | Herbe aux poumons

Pulmonaria officinalis

Description Plante vivace de 10 à 30 cm de haut, avec tige droite très velue ; feuilles pétiolées en rosette basale, cordiformes, feuilles caulinaires obovales, entourant la tige avec 2 lobes ; taches claires sur le dessus des feuilles ; fleurs de mars à mai, tubulaires avec 5 lobes, d'abord rougeâtres, puis violet-bleu ; fruits composés de 4 compartiments qui s'ouvrent et libèrent des nucules.

Habitat Forêts de feuillus et d'essences mixtes, forêts périodiquement inondées ; sur sols humides.

Utilisations Les parties aériennes de la Pulmonaire officinale renferment de la vitamine C, des tanins et des mucilages qui apaisent la toux, l'enrouement et l'encombrement des voix respiratoires. La médecine populaire utilise également la plante contre la diarrhée et comme cicatrisant.

Caractéristique

Les taches claires sur les feuilles velues et le changement de couleur des fleurs sont caractéristiques de la Pulmonaire officinale.

> La Consoude officinale très toxique se présente également avec des fleurs jaunes à blanchâtres.

Consoude officinale

Gande Consoude | Herbe à la coupure

Symphytum officinale

DESCRIPTION Plante vivace pouvant atteindre 1,50 m de haut, tige couverte de poils rugueux ; feuilles alternes, jusqu'à 25 cm de long, feuilles supérieures bien plus petites, effilées à l'avant, se rétrécissant vers l'arrière, appliquées tout au long de la tige comme des ailes ; inflorescences paniculées composées de fleurs inclinées violacées ou jaunâtres de mai à juillet ; fruits en forme de capsules noir luisant.
HABITAT Rives, fossés, prairies marécageuses, forêts, bords des chemins.
UTILISATIONS La racine de la Consoude officinale contient des mucilages, des tanins et des alcaloïdes extrêmement toxiques. En raison de sa toxicité, elle est utilisée exclusivement en usage externe. Pommade ou cataplasmes ont une action cicatrisante et anti-inflammatoire.

CARACTÉRISTIQUE
Les longues feuilles appliquées tout au long de la tige rugueuse sont une caractéristique de la Consoude officinale.

› La Buglosse officinale *(Anchusa officinalis)* présente des feuilles minces et velues.

Bourrache

Borago officinalis

DESCRIPTION Plante annuelle de 20 à 60 cm de haut, couverte de poils raides ; feuilles alternes, allongées, ridées, à bord ondulé ; de juin à août, inflorescences paniculées lâches, fleurs solitaires pouvant atteindre 2,5 cm de diamètre, d'un bleu intense, montrant au centre un anneau d'écailles blanches dont émergent les étamines et le style ; fruits se décomposant en 4 nucules.

CARACTÉRISTIQUE
Ses grosses fleurs étoilées avec leur anneau d'écailles blanches au centre font de la Bourrache une plante impossible à confondre.

HABITAT Cultivée en tant que plante aromatique ; parfois devenue sauvage.

UTILISATIONS La Bourrache contient des acides gras et des alcaloïdes. Consommée en grandes quantités elle peut être toxique. Dans la médecine populaire, son infusion agit contre les coups de froid. La plante était considérée dépurative et avec un effet euphorisant. La phytothérapie moderne l'utilise contre le vieillissement cutané.

› Le Bleuet *(Centaurea cyanus)* ne se confond avec la Chicorée sauvage qu'au premier coup d'œil.

Chicorée sauvage | Chicorée amère

Cichorium intybus

DESCRIPTION Plante vivace de 20 à 120 cm de haut, avec tige très ramifiée ; feuilles basales disposées en rosette, à bord profondément incisé, feuilles caulinaires alternes, dépourvues de pétiole, feuilles supérieures minces et entières ; fleurs bleu ciel, de juillet à septembre dans des capitules de 3 à 4 cm de diamètre ; fruits secs, de seulement 3 mm de long, munis de petites aigrettes.

HABITAT Bords des chemins, pâturages et terres incultes ; fréquente.

UTILISATIONS Les parties vertes et la racine de la Chicorée sauvage renferment un latex avec des principes amers. Les extraits de Chicorée sauvage font partie de différentes préparations et sont utilisés aussi bien par la médecine classique que par la médecine populaire comme remède favorisant la digestion. La racine grillée sert à fabriquer le café à la chicorée.

CARACTÉRISTIQUE
Les capitules bleu clair déployés et le latex sortant des blessures de la plante sont caractéristiques.

Lin cultivé | Lin domestique | Lin des fileurs

Linum usitatissimum

DESCRIPTION Plante annuelle pouvant atteindre 1 m de haut, avec tige glabre ramifiée seulement au niveau des fleurs ; feuilles alternes, pouvant atteindre 4 cm de long, mais seulement de 3 à 4 mm de large, entières ; fleurs de 2 à 3 cm de diamètre, bleu clair, de juin à août dans une inflorescence paniculée lâche ; fruits en forme de capsule globuleuse dressée dans laquelle mûrissent les graines.

HABITAT Presque uniquement comme plante cultivée, très rarement devenue sauvage.

UTILISATIONS Le Lin est cultivé pour ses fibres textiles. Ses graines contiennent jusqu'à 40 % d'huile, mais aussi des mucilages et des protéines. Les graines mûres écrasées gonflant dans les intestins représentent un laxatif léger (non mûres elles sont toxiques). Autrefois, on appliquait des emplâtres de farine sur les abcès.

CARACTÉRISTIQUE
Les fleurs bleu ciel de cette plante des champs présentent 5 pétales ovales à nervures foncées et 5 sépales effilés.

> La Nigelle des champs *(Nigella arvensis)*, semblable, montre des fleurs bleu verdâtre.

Nigelle cultivée

Nigella sativa

Description Plante annuelle velue de 20 à 40 cm de haut ; feuilles alternes, bipennées avec folioles fines comme des cheveux ; fleurs apparaissant entre juin et septembre, solitaires à l'extrémité des tiges, bleu tendre ou blanches ; fruits en forme de capsule.
Habitat Forêts de feuillus des Alpes du Sud ; cultivée en Europe centrale comme plante aromatique, dans de rares cas devenue sauvage.
Utilisations Les fruits de la nigelle cultivée ont un goût piquant et furent autrefois utilisés à la place du poivre et dans certaines pâtisseries. Ils renferment entre autres un alcaloïde, toxique s'il est consommé en grandes quantités. Les graines de la Nigelle cultivée sont antispasmodiques, diurétiques et cholagogues ; dans la médecine populaire, elles sont utilisées contre les ballonnements et les diarrhées, et pour favoriser la lactation.

Caractéristique
Les fleurs bleu pâle à l'aspect fragile, et les feuilles très divisées caractérisent la Nigelle cultivée.

› La lèvre supérieure de la fleur de l'Hysope est très courte et aplatie.

Hysope | Hiope

Hyssopus officinalis

DESCRIPTION Sous-arbrisseau très odorant de 30 à 60 cm de haut ; tige lignifiée dans son tiers inférieur ; feuilles opposées, entières, lancéolées ; fleurs de juillet à septembre, violet-bleu, formant de longs épis, calice quinquélobé ; fruits divisés en 4 nucules.

HABITAT Région méditerranéenne ; au nord des Alpes, cultivée comme plante médicinale et aromatique.

UTILISATIONS Les parties aériennes de l'Hysope renferment des tanins, flavonoïdes et huiles essentielles. Elle est utilisée aujourd'hui principalement comme herbe aromatique ; elle servit dans la médecine populaire en bains de bouche pour calmer les inflammations de la cavité buccale et des gencives ; en infusion comme remède contre la transpiration importante, les ballonnements et la toux.

CARACTÉRISTIQUE
L'Hysope se distingue des labiacées semblables par son calice régulier et ses inflorescences en longs épis.

> La Sauge des prés *(Salvia pratensis)* à l'odeur semblable pousse dans les prairies sèches et sur les remblais ; elle ne remplace pas la Sauge officinale.

Sauge officinale

Grande Sauge

Salvia officinalis

CARACTÉRISTIQUE
Les feuilles souples, ridées, velues sur le dessous, et leur odeur typique caractérisent la Sauge officinale.

DESCRIPTION Sous-arbrisseau odorant et velu de 20 à 70 cm de haut, se lignifiant facilement dans sa partie inférieure ; tige arrondie à quadrangulaire ; feuilles vert-gris, obovales, ridées ; fleurs de mai à juillet en verticilles dans les aisselles des feuilles supérieures, violet pâle et pouvant atteindre 2,5 cm de long, calice pourvu de dents pointues ; fruits divisés en 4 nucules.

HABITAT Région méditerranéenne ; en Europe centrale, cultivée comme plante de santé et aromatique ; rarement devenue sauvage.

UTILISATIONS Les feuilles contiennent huiles essentielles, principes amers et tanins. Leur infusion est cicatrisante et apaise les inflammations de la cavité buccale, car ses composants entravent la croissance des bactéries. C'est pour cela que certains dentifrices contiennent de la Sauge officinale. Elle est également connue pour limiter l'hypersudation. À éviter par les femmes qui allaitent.

› Les fleurs ligulées montrent une lèvre supérieure petite et une lèvre inférieure tripartite. Leur calice est souvent pruiné rouge.

Lavande

Lavandula angustifolia

DESCRIPTION Sous-arbrisseau de 20 à 60 cm de haut, lignifié à la base ; feuilles opposées, mesurant 4 cm de long et seulement 5 mm de large, à bord entier enroulé, dessous foliaire couvert d'un duvet feutré ; fleurs odorantes en juillet-août, en verticilles.

HABITAT Talus secs et ensoleillés ; sols calcaires, souvent cultivée dans les jardins d'herbes aromatiques.

UTILISATIONS Les fleurs de la Lavande donnent une huile essentielle utilisée en parfumerie, mais également comme remède. La drogue extraite à partir des fleurs sert de calmant léger lors de migraines et d'états d'épuisement. La médecine populaire connaît également d'autres utilisations : elle serait antispasmodique, favoriserait la digestion et calmerait les douleurs dues aux rhumatismes.

CARACTÉRISTIQUE
Les inflorescences couronnant de longues tiges, et le parfum des feuilles et des fleurs sont typiques de la Lavande.

› Avec sa floraison précoce, le Romarin officinal est une plante appréciée dans les jardins paysans.

Romarin officinal

Rose marine | Romarin des troubadours

Rosmarinus officinalis

DESCRIPTION Arbuste à feuilles persistantes de 50 à 150 cm de haut, avec rameaux très ramifiés ; feuilles opposées, très étroites, entières, face inférieure très duveteuse ; fleurs entre mars et juin dans les aisselles des feuilles centrales et supérieures ; fleurs ligulées lilas pâle avec lèvre supérieure droite et lèvre inférieure tripartite.

HABITAT Maquis secs de la région méditerranéenne ; en Europe centrale comme plante d'ornement et aromatique.

UTILISATIONS Les feuilles du Romarin officinal renferment une huile essentielle et des principes amers. Elles servent surtout d'aromate. La tisane est stimulante en cas de fatigue. L'huile peut irriter la peau, mais on l'utilise toutefois pour des massages lors de rhumatismes, de troubles circulatoires et de problèmes cutanés.

CARACTÉRISTIQUE

Les feuilles étroites à bord enroulé vers le bas dégagent, froissées, l'odeur typique du Romarin officinal.

› La Menthe verte *(Mentha spicata)* montre des inflorescences plus étroites et plus lâches.

Menthe poivrée

Mentha piperita

DESCRIPTION Plante vivace de 30 à 90 cm de haut, avec tige quadrangulaire faiblement duvetée et souvent pruinée rougeâtre ; feuilles opposées, obovales, à bord denté ; inflorescences en épi de juin à août, composées de fleurs ligulées lilas à roses ; fruits divisés en 4 nucules.

HABITAT Hybride issu de la Menthe verte cultivée ; ne pousse que dans les jardins et les champs, parfois a pu devenir sauvage.

UTILISATIONS Les feuilles de la Menthe poivrée contiennent des huiles essentielles, et principalement du menthol parfumé et désinfectant. En infusion, la plante apaise l'estomac. Elle est antispasmodique et stimule l'appétit. L'huile essentielle calme les maux de tête, les contusions et les rhumatismes. Ne pas utiliser chez les jeunes enfants à cause de la forte teneur en menthol.

CARACTÉRISTIQUE
La plante entière dégage une forte odeur de menthe, surtout quand on la froisse entre les doigts.

› Les fleurs de la Menthe pouliot *(Mentha pulegium)* sont aussi disposées à plusieurs niveaux, leur calice est bilabié. Plante toxique.

Menthe aquatique

Mentha aquatica

DESCRIPTION Plante vivace de 30 à 100 cm de haut, avec tige quadrangulaire duvetée aux angles ; feuilles opposées, ovales larges, à bord denté, duvetées sur les deux côtés ; fleurs de juillet à septembre dans des capitules arrondis, à l'extrémité des tiges ainsi qu'en verticilles dans les aisselles foliaires ; fleurs ligulées lilas à roses, calice se terminant en 5 lobes étroits ; fruits divisés en 4 nucules.

HABITAT Fossés, prairies marécageuses, rives ; assez fréquente.

UTILISATIONS Les feuilles de la Menthe aquatique contiennent tanins et huiles essentielles, mais peu de menthol, c'est pourquoi la médecine populaire la préférait à la Menthe poivrée. Elle l'utilisait contre les troubles gastriques et les affections du foie. Hildegarde de Bingen la préconisait pour les irritations des bronches.

CARACTÉRISTIQUE

Son habitat près de l'eau et les fleurs réparties sur la tige constituent les caractéristiques typiques de la Menthe aquatique.

La Bugle rampante *(Ajuga reptans)* présente un bord foliaire entier.

Lierre terrestre | Lierre de terre

Glechoma hederacea

DESCRIPTION Plante vivace de seulement 5 à 20 cm de haut, avec tiges quadrangulaires rampantes se redressant à l'extrémité ; feuilles opposées, cordiformes, à bord crénelé ; entre avril et juin apparaissent dans les aisselles foliaires des fleurs ligulées violet clair, lèvre inférieure divisée en 2 lobes latéraux minces et un lobe central large ; fruits composés de 4 nucules.

HABITAT Prairies, pâturages, rives ; très fréquent.

CARACTÉRISTIQUE

La fleur ligulée du Lierre terrestre montre souvent nettement sur sa lèvre inférieure une tache sombre à bordure claire.

UTILISATIONS Toutes les parties vertes de cette plante très ancienne contiennent des principes actifs, tanins, saponines et huiles essentielles. En homéopathie, le Lierre terrestre est utilisé pour les affections des bronches. Dans la médecine populaire, il est considéré comme remède pour les inflammations intestinales et respiratoires et l'accélération de la cicatrisation.

› Chez la Ciboulette, la tige florale naissante perce une feuille.

Ciboulette | Civette

Allium schoenoprasum

CARACTÉRISTIQUE
Ses feuilles herbeuses creuses, serrées en touffes, font de la Ciboulette une plante impossible à confondre.

DESCRIPTION Plante vivace de 10 à 50 cm de haut, avec tige ronde lisse, sortant d'un bulbe allongé ; généralement en colonies serrées ; feuilles rondes, creuses ; entre mai et septembre, une inflorescence globuleuse à l'extrémité de la tige, fleurs solitaires violet-bleu à presque roses, involucres rassemblés pour former un tube ; capsules insignifiantes.

HABITAT Généralement comme cultivar dans les champs et les jardins ; devenue sauvage sur les berges des ruisseaux et dans les Alpes.

UTILISATIONS La Ciboulette contient de la vitamine C et des huiles semblables à celles de l'Ail, mais à moindre concentration. Elle est aujourd'hui utilisée exclusivement fraîche comme condiment aromatique. Les livres sur les herbes du Moyen Âge la recommandent comme remède pour les ballonnements et pour arrêter les saignements du nez.

› On plante de nombreux cultivars du Chou *(Brassica oleracea)* apparenté.

Navet | Chou-navet

Brassica napus

DESCRIPTION Plante annuelle pouvant atteindre 1,20 m de haut ; feuilles alternes, pruinées vert-bleu, irrégulièrement lobées ; fleurs jaune d'or, apparaissant entre avril et septembre dans des inflorescences en grappes ; fruits en forme de cosses pédonculées, écartées.
HABITAT Presque exclusivement en culture, rarement devenu sauvage près des champs.

UTILISATIONS Le Navet contient une huile très précieuse, utilisée dès le Moyen Âge, ayant servi jusqu'à nos jours dans la médecine populaire pour les massages lors de douleurs musculaires et comme base de préparation de pommades. Aujourd'hui, cette huile est utilisée en premier lieu dans l'industrie alimentaire, elle entre par exemple dans la fabrication de la margarine.

CARACTÉRISTIQUE
À la période de la fructification, les champs de Navets dégagent une intense odeur aromatique agréable, surtout quand le soleil brille.

Moutarde sauvage

Sanve | Sénevé

Sinapis arvensis

CARACTÉRISTIQUE
À la différence de la Moutarde blanche semblable (p. 87), la Moutarde sauvage présente une silique presque glabre logeant des graines marron foncé.

DESCRIPTION Plante annuelle de 20 à 60 cm de haut ; feuilles alternes, profondément dentées ; fleurs d'un jaune vigoureux, de mai à octobre dans des grappes ombellées à l'extrémité de la tige, montrant 4 pétales et 4 sépales ; siliques pouvant atteindre 4 cm de long, avec long appendice en forme de bec.

HABITAT La Moutarde sauvage est originaire de la région méditerranéenne, mais comme elle accompagne les cultures de l'homme, elle est depuis longtemps devenue sauvage sur les terres incultes et dans les champs ; très fréquente.

UTILISATIONS Comme chez la Moutarde noire et la Moutarde blanche (voir p. 86-87), les graines de la Moutarde sauvage contiennent des glucosides et furent autrefois utilisées en cataplasmes pour traiter la goutte et les douleurs articulaires.

› L'étranglement important de la silique rend visibles les graines solitaires de la Moutarde noire.

Moutarde noire

Brassica nigra

DESCRIPTION Plante annuelle de 60 à 120 cm de haut, avec tige très ramifiée ; feuilles alternes, feuilles inférieures profondément lobées, feuilles supérieures entières et étroites ; fleurs jaunes, entre juin et septembre dans des grappes capitulées à l'extrémité de la tige ; fruits en forme de siliques quadrangulaires comprimées.

HABITAT Terres incultes, bords des chemins, champs.

UTILISATIONS Les graines renferment entre autres un glucoside, la sinigrine, qui entre dans la fabrication de la moutarde de cuisine. Dès le Moyen Âge, on appliqua des cataplasmes de graines broyées afin de favoriser la circulation sanguine, et en cas de rhumatismes et de névralgies. On les déconseille aujourd'hui en raison du risque d'inflammation.

CARACTÉRISTIQUE

Les 4 sépales de la Moutarde noire s'enroulent après la floraison. Comme chez d'autres brassicacées, l'intérieur de la fleur montre 4 étamines longues et 2 courtes.

> En Europe centrale, la Moutarde blanche pousse à l'état sauvage sur sols argileux calcaires et secs.

Moutarde blanche

Sinapis alba

CARACTÉRISTIQUE
À la différence de la Moutarde noire semblable, les feuilles caulinaires supérieures de la Moutarde blanche sont elles aussi profondément divisées.

DESCRIPTION Plante annuelle de 30 à 60 cm de haut, avec tige ramifiée ; feuilles alternes, profondément et irrégulièrement échancrées à pennées, couvertes de poils raides ; fleurs jaunes, de juin à septembre dans des grappes ombellées à l'extrémité de la tige et dans les aisselles foliaires, à 4 pétales ; siliques allongées écartées, couvertes de poils raides, avec long appendice en forme de bec.

HABITAT Région méditerranéenne, cultivée en Europe centrale, parfois à l'état sauvage dans les terres incultes et les champs.

UTILISATIONS Les graines globuleuses jaune-orange de la Moutarde blanche renferment un glucoside, la sinapine, utilisé pour la fabrication de la moutarde de cuisine. La Moutarde blanche favorise la digestion et est légèrement antibactérienne. L'homéopathie l'utilise pour traiter maux de tête et troubles digestifs.

Les tiges, feuilles et racines blessées de la Grande Chélidoine sécrètent un suc laiteux orange toxique.

Grande Chélidoine | Herbe aux verrues | Éclaire

Chelidonium majus

DESCRIPTION Plante vivace de 30 à 70 cm de haut, avec tiges velues ; feuilles alternes, plus ou moins profondément échancrées à pennées ; fleurs de mai à octobre dans des ombelles lâches à l'extrémité de la tige, fleurs solitaires composées de 2 sépales jaunes tombant très rapidement et de 4 pétales ovales jaunes ; silique allongée étroite.

HABITAT Haies, murs, bords des chemins ; sols argileux.

UTILISATIONS Les alcaloïdes contenus dans le suc laiteux toxique sont bactéricides et empêchent la division des cellules. L'utilisation de la Grande Chélidoine pour le traitement des verrues est probablement due à la présence de ces alcaloïdes. La phytothérapie moderne et l'homéopathie s'en servent en cas de maladies de l'estomac, des intestins et du foie.

CARACTÉRISTIQUE

Les feuilles divisées, les fleurs à 4 pétales et le jus laiteux jaune-orange constituent les caractéristiques de la Grande Chélidoine.

Gaillet jaune

Caille-lait jaune

Galium verum

CARACTÉRISTIQUE
En plein soleil, les inflorescences serrées du Gaillet jaune dégagent une forte et nette odeur de miel.

DESCRIPTION Plante vivace de 10 à 70 cm de haut, avec tige couchée à dressée ; feuilles fines en verticilles sur la tige, épineuses et feutrées dessous ; de mai à septembre, inflorescences serrées ramifiées, mais fleurs solitaires de seulement 2 à 4 mm de diamètre, jaunes ; fruits secs, se décomposant en 2 méricarpes.
HABITAT Pelouses sèches, broussailles ; fréquent presque partout.
UTILISATIONS Les parties vertes du Gaillet jaune faiblement toxique renferment tanins, glucosides et flavonoïdes. Au Moyen Âge, on utilisa la plante pour la fabrication de fromage, car ses composants font cailler le lait. Dans la médecine populaire, le Gaillet jaune aurait un effet antispasmodique et diurétique, et fut administré en cas d'inflammations gastriques, de blessures et de maladies dermatologiques. De nos jours, il ne joue plus de rôle qu'en homéopathie.

Nummulaire | Monnoyère | Herbe aux écus

Lysimachia nummularia

DESCRIPTION Plante vivace rampante, avec tige pouvant atteindre 50 cm de long ; feuilles opposées, ovales à arrondies, avec incision cordiforme à la base du pétiole ; fleurs à 5 pétales, jaunes, apparaissant solitaires dans les aisselles des feuilles centrales entre mai et juillet ; fruits en forme de capsules globuleuses de 4 à 5 mm de diamètre.

HABITAT Rives, fossés et forêts de feuillus ; assez fréquente.

UTILISATIONS La Nummulaire, connue aujourd'hui presque uniquement comme plante horticole couvre-sol, était autrefois appréciée par la médecine populaire. Toutes les parties végétales renferment tanins et saponines et furent administrées pour traiter la toux, la diarrhée et, en usage externe, pour rhumatismes et blessures cicatrisant mal. Actuellement, seule l'homéopathie l'utilise encore parfois.

CARACTÉRISTIQUE
Les 5 pétales effilés jaunes et les 5 sépales sont soudés entre eux à la base.

Potentille dressée

Potentille tormentille | Tormentille commune

Potentilla erecta

DESCRIPTION Plante vivace rampante et velue, 10 à 30 cm de haut, tige dressée peu ramifiée ; feuilles palmatipennées, folioles grossièrement dentées ; de mai à août, inflorescences lâches à l'extrémité des pousses ; fleurs solitaires à 4 pétales cordiformes jaunes.
HABITAT Prairies, landes, forêts, marécages ; assez fréquente.
UTILISATIONS Le rhizome renflé de la Potentille dressée renferme des huiles essentielles et des tanins. Depuis le Moyen Âge, on l'utilisa comme cicatrisant en raison de sa couleur rouge. La phytothérapie administre aujourd'hui cette drogue lors d'inflammations gastriques et intestinales, et contre les maladies des muqueuses, ainsi qu'en usage externe, comme teinture contre les hémorroïdes.

CARACTÉRISTIQUE
Les feuilles dentées palmatipennées et les fleurs à 4 pétales distinguent nettement la Potentille dressée de la Nummulaire.

Potentille ansérine | Herbe aux oies | Argentine

Potentilla anserina

DESCRIPTION Plante vivace ne dépassant guère 15 cm de haut, avec tige rampante pouvant atteindre 50 cm de long, s'enracinant aux nœuds et formant ainsi des plantes filles feuillues ; feuilles toutes disposées en rosettes basales, pennées, avec folioles ovales, grossièrement dentées ; fleurs à 5 pétales, de mai à août, solitaires sur les tiges poussant entre les feuilles ; fruits petits, nombreux, avec un style très mince.

HABITAT Au bord des chemins et berges ; fréquente.

UTILISATIONS Les parties vertes de cette plante renferment un composant antispasmodique encore inconnu. La drogue fait partie de préparations contre les règles douloureuses, et les maladies de l'estomac et des intestins. Elle est aussi utilisée en gargarisme et en cas de diarrhée.

CARACTÉRISTIQUE

La pousse rampante avec ses feuilles pennées dont le dessous est couvert d'un duvet argenté est une caractéristique sûre de la Potentille ansérine.

Benoîte commune

Herbe de saint Benoît

Geum urbanum

CARACTÉRISTIQUE
Les formes différentes des feuilles en rosette et des feuilles caulinaires, ainsi que les infructescences remarquables caractérisent la Benoîte commune.

DESCRIPTION Plante vivace de 25 à 50 cm de haut ; feuilles basales en rosette, imparipennées, feuilles caulinaires seulement trilobées ; fleurs de juin à octobre, jaunes, à 5 pétales ; fruits avec un style en crochet, rassemblés nombreux dans un capitule.

HABITAT Forêts, broussailles, bord des chemins, jardins ; fréquente.

UTILISATIONS Les racines de la Benoîte commune renferment une huile essentielle avec de l'eugénol, des principes amers et des tanins. L'eugénol ressemble à l'huile des clous de girofle ; c'est la raison pour laquelle cette plante servit autrefois comme substitut à cette épice exotique coûteuse. Il calme les douleurs et tue les bactéries, et est utilisé dans la médecine populaire comme gargarisme lors d'inflammations de la cavité buccale et de la gorge. L'homéopathie emploie la Benoîte commune contre l'excès de sudation.

Les fleurs jaune d'or de l'Aigremoine eupatoire sont rassemblées en longs épis étroits.

Aigremoine eupatoire | Herbe de saint Guillaume

Agrimonia eupatoria

DESCRIPTION Plante vivace de 50 à 150 cm de haut, avec tige dressée à peine ramifiée, très velue ; feuilles alternes, imparipennées avec 5 à 9 folioles à bord denté, entre lesquelles se montrent de très petites folioles solitaires ; fleurs entre juillet et septembre, en minces épis élevés, jusqu'à 1 cm de diamètre, jaunes ; fruits secs, inclinés.

HABITAT Lisières des forêts et bords des chemins, broussailles, prairies maigres ; fréquente.

UTILISATIONS Tiges, fleurs et feuilles de l'Aigremoine eupatoire renferment des tanins et une huile essentielle. En raison des propriétés astringentes des tanins, la médecine populaire utilise l'infusion en gargarisme pour traiter les inflammations de la gorge. La plante aurait aussi un effet sur les problèmes hépatiques.

CARACTÉRISTIQUE

De toutes petites folioles se montrent comme des dents entre les folioles plus grandes des feuilles pennées.

› L'Angélique des bois ou Angélique sauvage *(Angelica sylvestris)* est plus petite et présente des feuilles dont les pétioles sont cannelés et creux.

Angélique vraie

Angélique officinale | Herbe du Saint-Esprit

Angelica archangelica

DESCRIPTION Plante vivace mesurant 1 à 2,50 m, avec tige vigoureuse finement cannelée ; feuilles basales pouvant atteindre 90 cm de long, découpées plusieurs fois en folioles dentées, feuilles caulinaires plus petites, moins découpées, avec larges gaines à la base du pétiole ; fleurs de juin à août, en grandes ombelles sphériques ; fruits d'environ 7 mm de long, cannelés.

HABITAT Berges ; sur sols détrempés.

UTILISATIONS La racine renflée de l'Angélique vraie contient des huiles essentielles, des résines et des tanins. Antispasmodique, elle traite en phytothérapie moderne les douleurs instestinales et l'aérophagie. Attention aux confusions avec d'autres ombellifères toxiques.

CARACTÉRISTIQUE
La hauteur, les ombelles sphériques et les feuilles découpées avec les larges gaines foliaires sont des caractéristiques typiques de l'Angélique vraie.

> Le Fenouil en bulbe, un cultivar du Fenouil commun, ne joue aucun rôle en tant que plante de santé.

Fenouil commun | Fenouil des vignes

Foeniculum vulgare

DESCRIPTION Plante vivace de 80 à 200 cm de haut, avec tige cannelée ; feuilles basales emboîtées les unes dans les autres comme chez l'Oignon, feuilles caulinaires alternes, pluripennées avec folioles filiformes ; fleurs en juillet-août dans une grande ombelle, jaunes ; fruits composés de 2 méricarpes séparés de 1 cm de long chacun.

HABITAT Région méditerranéenne ; cultivé en Europe centrale ; landes, coteaux secs, rarement à l'état sauvage. Il était autrefois cultivé dans les jardins des monastères.

UTILISATIONS On cultive différentes variétés de Fenouil commun à l'odeur d'anis. Ses fruits renferment une huile essentielle. En raison de leur effet expectorant, ils sont administrés en infusion contre la toux, mais aussi en cas de ballonnements et de troubles digestifs.

CARACTÉRISTIQUE

La partie supérieure de la tige cannelée du Fenouil commun est pruinée bleuâtre. Les feuilles sont appliquées sur la tige dans une longue gaine.

› Les feuilles pennées légèrement coriaces sont typiques de la Livèche.

Livèche | Ache des montagnes

Levisticum officinale

DESCRIPTION Plante vivace de 1 à 2 m de haut, avec plusieurs tiges dressées sortant d'un rhizome renflé ; feuilles inférieures pluripennées, feuilles supérieures pennées ou lobées ; fleurs en juillet et en août dans une grosse ombelle, jaunes ; fruits comprimés, mesurant 5 à 7 mm, montrant 5 côtes nettes.

HABITAT Originaire d'Asie, fut peut-être apportée en Europe centrale par des bénédictins ; parfois à l'état sauvage à proximité des jardins.

UTILISATIONS Les racines renferment une huile essentielle, qui est diurétique et fait partie de nombreuses préparations pour traiter les troubles de la vessie et des reins. Dans la médecine populaire, elle est administrée comme remède favorisant la digestion, mais également pour les rhumatismes et la goutte. Les parties vertes servent aussi comme condiment.

CARACTÉRISTIQUE

Les feuilles froissées de la Livèche sentent fort le céleri.

> Les baies d'abord vertes virent au noir au fur et à mesure qu'elles mûrissent.

Nerprun purgatif

Nerprun cathartique | Noirprun

Rhamnus catharticus

DESCRIPTION Arbuste à feuilles caduques de 3 m de haut, parfois également petit arbre pouvant atteindre 8 m de haut, avec écorce finement fissurée, grise à presque noire ; rameaux se terminant en épine ; feuilles opposées, ovales, à bord finement denté ; d'avril à juin, touffes ombellées de fleurs insignifiantes verdâtres ; fruits bacciformes, noir mat, à peu près de la taille d'un pois, avec noyau.
HABITAT Lisières des forêts, broussailles, haies, forêts périodiquement inondées ; rare.

CARACTÉRISTIQUE
Les rameaux à feuilles opposées du Nerprun purgatif se terminent en une vigoureuse épine droite.

UTILISATIONS Les fruits toxiques du Nerprun purgatif sont laxatifs et font aujourd'hui partie de quelques médicaments. Dans la médecine populaire, on consommait les baies séchées, ce qui pouvait provoquer des intoxications graves. On les utilisa en outre comme dépuratif.

> Les baies âpres de couleur orange de l'Argousier renferment des composants aux vertus curatives.

Argousier | Argousier faux nerprun | Saule épineux

Hippophae rhamnoides

DESCRIPTION Arbuste à feuilles caduques de 2 à 3 m de haut, parfois aussi petit arbre à rameaux épineux ; feuilles alternes, très étroites, dessus vert-gris, dessous luisant argenté ; fleurs en avril-mai, avant les feuilles, brun jaunâtre, les deux sexes sur des plantes différentes ; plantes femelles arborant des drupes bacciformes d'un orange lumineux, réunies en infructescences serrées.

HABITAT Surfaces de gravier des cours d'eau, dunes ; rarement à l'état sauvage.

UTILISATIONS Les fruits comestibles de l'argousier ont une teneur exceptionnelle en vitamine C. Âpres, on les prépare en sirop. Il agit en cas d'épuisement et augmente les défenses immunitaires lors de refroidissements. On le trouve sous forme de jus en pharmacie ou magasin diététique.

CARACTÉRISTIQUE
Les rameaux épineux avec les fines feuilles argentées constituent une caractéristique sûre pour reconnaître l'Argousier.

Gentiane jaune | Grande Gentiane

Gentiana lutea

DESCRIPTION Plante vivace de 50 à 120 cm de haut ; feuilles opposées, ovales, effilées, dépassant 25 cm de long ; fleurs de juin à août, en touffes dans les aisselles des feuilles supérieures, calice soudé, fendu d'un côté, 5 à 6 pétales étroits jaune d'or ; fruits en forme de minces capsules coniques d'environ 6 cm de long.

HABITAT Prairies et broussailles des montagnes alpines jusqu'à 2 500 m d'altitude ; assez rare.

UTILISATIONS Les racines servent à fabriquer l'eau-de-vie réputée, mais ses principes amers sont également mis à profit en médecine. Ils stimulent les sécrétions salivaires et aident lors de troubles digestifs, de constipation et de manque d'appétit. La Gentiane jaune était autrefois considérée comme fébrifuge.

CARACTÉRISTIQUE

En dehors de la floraison, on peut reconnaître la Gentiane jaune à ses feuilles opposées, montrant sur leur face inférieure d'épaisses côtes presque parallèles.

› Les ponctuations claires sur les feuilles du Millepertuis sont des réserves d'huile, visibles à l'œil nu.

Millepertuis | Herbe à mille trous

Hypericum perforatum

DESCRIPTION Plante vivace de 30 à 60 cm de haut, tige dressée se ramifiant dans l'inflorescence ; feuilles opposées, ovales, entières, paraissant ponctuées quand on les tient face à la lumière ; fleurs de juin à septembre dans une inflorescence lâche à l'extrémité de la tige, avec 5 pétales étroits, jaune d'or, à bord ponctué ; fruits en forme de capsule ovoïde pouvant atteindre 1 cm de long.
HABITAT Lisières des forêts, broussailles, prairies et bords des chemins ; sur sols pauvres en substances nutritives ; très fréquent.
UTILISATIONS La plante en fleur renferme des flavonoïdes, tanins et une huile essentielle. Elle a un effet cicatrisant et antiseptique, et calme brûlures et piqûres d'insectes. En phytothérapie moderne, elle est utilisée pour l'anxiété, les troubles de l'humeur et réduit la nervosité. L'huile vendue en pharmacie est cicatrisante.

CARACTÉRISTIQUE
Les pétales jaunes du Millepertuis froissés entre les doigts sécrètent un jus rouge.

› Les feuilles de la Molène bouillon blanc *(Verbascum thapsus)* sont couvertes d'un dense duvet laineux sur les deux côtés.

Faux Bouillon blanc | Molène faux thapsus

Verbascum densiflorum

DESCRIPTION Plante bisannuelle de 50 à 200 cm de haut, avec tige dressée laineuse, se ramifiant au niveau des fleurs ; feuilles alternes, pouvant atteindre 40 cm de long ; entre juillet et septembre, hautes inflorescences en épi dans les aisselles des feuilles supérieures, fleurs solitaires pouvant atteindre 4 cm de diamètre, jaunes ; fruits en forme de capsule à 2 compartiments.

HABITAT Rives, terres incultes ; sur sols riches en humus ; rare.

UTILISATIONS Médicalement, seules les fleurs séchées de cette plante jouent un rôle. Elles contiennent mucilages, saponine et flavonoïdes qui calment la toux et favorisent l'expectoration. Dans la médecine populaire, on employa les fleurs également en cataplasme pour aider les blessures à cicatriser.

CARACTÉRISTIQUE

C'est seulement chez le Faux Bouillon blanc que les bords des feuilles appliquées comme des ailes sur la tige touchent pratiquement la feuille suivante.

> La Primevère élevée *(Primula elatior)*, semblable, présente des fleurs jaune clair dont les corolles s'ouvrent plus largement.

Primevère officinale

Primula veris

CARACTÉRISTIQUE
Les fleurs de la Primevère officinale, toutes dirigées vers le même côté et qui s'épanouissent à peine, dégagent une odeur agréable.

DESCRIPTION Plante vivace dont les feuilles de 5 à 20 cm de long sont toutes disposées en rosette ; bord foliaire irrégulièrement denté, surface ridée ; fleurs d'avril à juin sur une tige sans feuilles pouvant atteindre 30 cm de haut, prenant naissance dans une rosette foliaire ; calice renflé, entoure les pétales d'un jaune saturé soudés dans la partie inférieure ; capsules cylindriques.

HABITAT Prairies sèches, forêts de feuillus claires ; sur sols argileux pauvres en substances nutritives ; assez rare.

UTILISATIONS La racine et les fleurs de cette plante renferment, entre autres, des saponines ; les fleurs contiennent également des flavonoïdes. La drogue a des vertus expectorantes, antispasmodiques et antirhumatismales. La médecine populaire l'utilise contre les rhumatismes, la toux et les migraines.

› En été, les petits capitules de l'Absinthe commune sont agglomérés très nombreux dans la partie supérieure de la tige.

Absinthe commune

Absinthe officinale | Armoise amère

Artemisia absinthium

DESCRIPTION Plante vivace de 30 à 80 cm de haut, avec tige dressée couverte d'un duvet gris ; feuilles alternes, feutrées, pluripennées ; fleurs de juillet à septembre dans des centaines de petits capitules groupés en panicules ; fruits secs et durs, mesurant 1,5 mm de long, sans aigrette.

HABITAT Terres incultes, chemins, murs ; devenue sauvage seulement à partir des jardins.

CARACTÉRISTIQUE

On reconnaît aisément l'Absinthe commune à ses feuilles pluripennées gris argenté, couvertes d'un dense duvet feutré.

UTILISATIONS Cette plante contient dans ses parties aériennes, entre autres, des flavonoïdes, un principe amer et une huile essentielle toxique. La drogue stimule l'appétit et favorise la digestion, et fut aussi utilisée dans la médecine populaire comme vermifuge. Autrefois, servit à fabriquer la liqueur d'absinthe.

> L'Immortelle des sables *(Helichrysum arenarium)* aux fleurs semblables, mais aux feuilles duvetées de blanc, pousse sur les côtes.

Tanaisie | Herbe aux vers | Sent-bon

Tanacetum vulgare

Description Plante vivace de 40 à 150 cm de haut, avec tige dressée très feuillue ; feuilles alternes, imparipennées, folioles à bord denté ; entre juillet et septembre, gros capitules, jaunes, réunis dans une large inflorescence ombellée ; fruits de 1 mm, sans aigrette.

Habitat Rives, terres incultes, bords des chemins, forêts ; sols argileux et sablonneux humides ; fréquente.

Utilisations Les feuilles et les fleurs renferment des principes amers et une huile essentielle contenant un composant toxique appelé thuyone. Au Moyen Âge, la Tanaisie était considérée comme un bon vermifuge. La médecine populaire n'utilise plus que rarement cette drogue en cas de vers intestinaux, de troubles digestifs et des règles, et en usage externe comme cicatrisant.

Caractéristique

Les inflorescences larges composées de nombreux capitules serrés caractérisent la Tanaisie, de même que ses feuilles semblables à celles des fougères.

› Le Doronic à grandes fleurs *(Doronicum grandiflorum)* a des capitules semblables, mais des feuilles basales ovales, pétiolées.

Arnica | Herbe vulnéraire | Herbe aux chutes

Arnica montana

DESCRIPTION Plante vivace de 20 à 60 cm de haut, avec tige dressée velue ; feuilles basales en rosette, ovales, à bord entier ou denté arrondi ; de juin à août, de larges capitules jaunes ; fruits d'environ 6 mm de long, pourvus d'une aigrette jaunâtre.

HABITAT Montagne moyenne et Alpes, landes et forêts claires ; rare dans la plaine et sur sols calcaires.

UTILISATIONS Alors que l'Arnica faisait autrefois partie de toute pharmacie familiale, son usage interne (infusion) est totalement déconseillé à cause de sa toxicité. Les fleurs contiennent une huile essentielle, des flavonoïdes et des principes amers. On l'utilise, par voie externe uniquement, en pommade ou en teinture pour les rhumatismes, entorses, ecchymoses et contusions.

CARACTÉRISTIQUE
Contrairement au Doronic à grandes fleurs, les feuilles basales de l'Arnica sont dépourvues de pétiole, et la tige ne porte que 1 à 3 petites feuilles.

Souci

Souci des jardins | Calendula

Calendula officinalis

CARACTÉRISTIQUE
En raison de son duvet glanduleux, la tige du Souci est toujours légèrement poisseuse. Les capitules peuvent atteindre 5 cm de diamètre.

DESCRIPTION Plante annuelle velue de 20 à 50 cm de haut ; feuilles alternes, obovales ; entre juin et septembre, capitules jaunes ou orange à l'extrémité de la tige, fleurs ligulées périphériques trilobées ; fruits courbés comme un ver.

HABITAT Introduit en Europe centrale en tant que plante d'ornement ; parfois à l'état sauvage à proximité des habitations.

UTILISATIONS Les fleurs du Souci renferment, entre autres, une huile essentielle, des flavonoïdes et des principes amers. Semblable à l'Arnica, la drogue est anti-inflammatoire, mais inoffensive. Elle est utilisée principalement en usage externe comme pommade cicatrisante, mais également comme gargarisme en cas d'inflammations de la cavité buccale et de la gorge. L'homéopathie fait elle aussi usage du Souci. L'infusion peut servir à nettoyer plaies et furoncles.

Pissenlit | Dent-de-lion | Florin d'or

Taraxacum officinale

DESCRIPTION Plante vivace de 10 à 50 cm de haut, avec racine renflée, profonde ; feuilles en rosette, allongées, grossièrement dentées ; entre avril et août, parfois également jusqu'à l'automne, capitules jaunes pouvant atteindre 5 cm de diamètre, solitaires sur tiges sans feuilles ; fruits mesurant 5 mm, pourvus d'aigrettes.

HABITAT Prairies, bords des chemins, jardins ; très fréquent.

UTILISATIONS Les parties vertes, racine comprise, récoltées avant la floraison, sont appréciées pour leurs vertus curatives. Elles contiennent, entre autres, des principes amers, des flavonoïdes et beaucoup de potassium. La drogue favorise la sécrétion biliaire et est diurétique. Dans la médecine populaire, les jeunes feuilles fraîches se consomment en salade et servent à faire une cure de printemps.

CARACTÉRISTIQUE

La tige dépourvue de feuilles, portant les grands capitules jaunes, est creuse et renferme beaucoup de suc laiteux blanc faiblement toxique.

› Les feuilles basales du Tussilage, entre lesquelles se trouvent les infructescences pubescentes, se montrent seulement après la floraison.

Tussilage | Pas-d'âne | Taconnet

Tussilago farfara

DESCRIPTION Plante vivace de 5 à 15 cm de haut, avec hampe souple, couverte d'un duvet feutré blanc, pourvue d'écailles ; entre février et avril apparaissent, à l'extrémité de la tige, des capitules solitaires jaune d'or ; feuilles basales se montrant seulement après la floraison, cordiformes, dessus vert, dessous tomenteux blanc ; fruits mesurant 4 mm, avec aigrettes serrées.

HABITAT Rives, terres incultes, chemins ; sols humides ; très fréquent.

UTILISATIONS L'infusion des fleurs et feuilles du Tussilage fut longtemps un remède familial contre la toux. La plante renferme, entre autres, des tanins et des mucilages. On sait aujourd'hui qu'elle contient des traces de certains alcaloïdes, nocifs pour le foie, et considérés comme cancérigènes. C'est pourquoi il est déconseillé d'en consommer en excès.

CARACTÉRISTIQUE
Les capitules apparaissant avant les feuilles basales sur la hampe écailleuse se présentent uniquement sur le Tussilage.

Ficaire | Petite Chélidoine | Herbe aux hémorroïdes

Ranunculus ficaria

DESCRIPTION Plante vivace de 5 à 30 cm de haut, avec tige couchée ; feuilles alternes, charnues, cordiformes, à bord denté ; fleurs en mars-avril sur de longues tiges, solitaires dans les aisselles foliaires, de 2 à 3 cm de diamètre, présentant 8 à 12 pétales étroits jaunes ; fruits mesurant 2 mm, velus, pourvus d'un appendice droit ; parties aériennes se fanant en été.

HABITAT Forêts et prés humides, broussailles ; très fréquente.

UTILISATIONS Les jeunes feuilles contiennent de la vitamine C et étaient consommées en salade pour prévenir le scorbut, mais avant la floraison car, avec l'âge, la plante accumule de la protanémonine toxique. Le jus des bulbilles fraîches était considéré comme remède externe contre les verrues et les hémorroïdes.

CARACTÉRISTIQUE

Chez les plantes âgées, les aisselles foliaires présentent des bulbilles globuleuses renflées capables de se développer pour former de petites plantes nouvelles.

Onagre | Herbe aux ânes

Oenothera biennis

CARACTÉRISTIQUE
Les grosses fleurs de l'Onagre s'épanouissent au crépuscule, dégagent une odeur intense et restent ouvertes jusqu'au lendemain.

DESCRIPTION Plante bisannuelle dépassant souvent 1 m de haut ; tige légèrement angulaire dans sa partie supérieure, feuillue ; feuilles alternes jusqu'à 15 cm de long, allongées, effilées ; fleurs entre juin et août, solitaires dans les aisselles foliaires, jusqu'à 6 cm de diamètre, à 4 pétales en coupe, incisés cordiformes à l'avant ; fruits en forme de capsule angulaire d'environ 3 cm de long.

HABITAT Introduite en Europe depuis le XVIIe siècle comme plante d'ornement ; devenue sauvage sur remblais, terrains vagues ; cultivée pour son huile.

UTILISATIONS L'Onagre contenant beaucoup de tanins, ses feuilles et sa racine servirent, dans la médecine populaire, de remède contre la diarrhée. Ses graines oléifères fournissent une huile employée contre les troubles prémenstruels.

› La structure papilionacée des fleurs n'est visible que lorsqu'on s'approche du Mélilot officinal.

Mélilot officinal

Herbe aux mouches | Luzerne bâtarde

Melilotus officinalis

DESCRIPTION Plante bisannuelle de 30 à 120 cm de haut, avec tiges dressées et ramifiées, pouvant se lignifier à la base ; feuilles pétiolées, alternes, trifides à la manière du trèfle ; fleurs pendantes papilionacées jaunes de juin à septembre, réunies en longues grappes ; étendard et ailes plus longs que la carène ; fruits en forme de petites gousses pendantes.

CARACTÉRISTIQUE

Les fleurs réunies en longues grappes minces et un parfum agréable sont caractéristiques du Mélilot officinal.

HABITAT Terres incultes, gravières, carrières ; fréquent.

UTILISATIONS Les feuilles et fleurs du Mélilot officinal renferment des flavonoïdes, des tanins, des mucilages et de la coumarine. La drogue fait partie de préparations employées contre les varices et les hémorroïdes. L'infusion est utilisée en compresses sur les yeux fatigués.

> La pubescence des calices donne à l'Anthyllide vulnéraire un aspect global laineux.

Anthyllide vulnéraire | Trèfle jaune des sables

Anthyllis vulneraria

DESCRIPTION Plante vivace de 10 à 40 cm de haut, avec tige couchée à dressée ; feuilles alternes, imparipennées, foliole terminale nettement plus grande que folioles latérales ; de mai à juin, fleurs jaunes en capitules entourés de bractées vertes, calice ventru très pubescent ; fruits en forme de gousse enfermée dans le calice sec.
HABITAT Pelouses sèches, bords des chemins, forêts claires et broussailles ; sur sols calcaires.
UTILISATIONS Les fleurs et les parties vertes de l'Anthyllide vulnéraire renferment saponines et tanins. Elles ne jouent pas de rôle dans la phytothérapie moderne, mais dans la médecine populaire elles sont utilisées fraîchement broyées ou en compresses d'infusion sur les plaies cicatrisant mal, et en gargarismes lors d'inflammations de la gorge et des amygdales.

CARACTÉRISTIQUE
Les calices laineux constituent une caractéristique nette de l'Anthyllide vulnéraire. Dans les Alpes, l'espèce présente des fleurs d'un jaune plus foncé.

> Les fleurs mâles du Houblon sont disposées en panicules lâches.

Houblon | Houblon lupulin

Humulus lupulus

Description Plante vivace volubile pouvant atteindre 3 à 6 m de haut, chez les cultivars jusqu'à 10 m ; feuilles opposées, profondément divisées en 3 à 7 lobes ou pennées ; fleurs apparaissant en mai, fleurs mâles et fleurs femelles sur des plantes différentes ; ces dernières en épis feuillus longs de 2 à 3 cm, les premières en panicules dans les aisselles foliaires ; nucules dans les épis femelles.
Habitat Haies, forêts, jusqu'à 1 500 m ; principalement cultivé ; très rare à l'état sauvage.

Caractéristique
Les tiges du Houblon poussent chaque année à partir d'un rhizome et grimpent le long d'un support.

Utilisations Les inflorescences femelles très glanduleuses renferment des principes amers, huiles essentielles, tanins et flavonoïdes. En phytothérapie moderne et en homéopathie, le Houblon est un sédatif et un somnifère léger. La médecine populaire l'utilise en outre comme remède stimulant l'appétit et la digestion.

› Ses baies blanches toxiques et ses feuilles allongées vert jaunâtre caractérisent le Gui.

Gui | Bois de la Sainte-Croix | Vert de pommier

Viscum album

DESCRIPTION Arbuste à feuilles persistantes parasite sur les arbres et pouvant atteindre 1 m de diamètre ; feuilles coriaces, allongées, d'environ 5 cm de long ; fleurs de mars à mai, vert-jaune, minuscules, fleurs mâles et femelles sur des plantes différentes ; fruits bacciformes, blanchâtres, translucides, à chair visqueuse.

HABITAT Jusqu'à 1 300 m d'altitude ; seulement dans les régions à l'hiver clément.

UTILISATIONS En pharmacie, toutes les parties de la plante toxique sont utilisées. Elles contiennent différentes protéines, des flavonoïdes et des substances que l'on trouve également dans le système nerveux humain. L'effet médicinal du Gui est toutefois controversé. Cette plante est utilisée seulement dans des médicaments contre l'athérosclérose et l'hypertension.

CARACTÉRISTIQUE

Les rameaux du Gui sont toujours ramifiés en fourche ; les feuilles allongées sans pétiole sont coriaces. Il pousse sur les arbres et on ne peut le confondre.

Ortie dioïque | Grande Ortie | Ortie vivace

Urtica dioica

DESCRIPTION Plante vivace de 30 à 150 cm de haut, avec tiges dressées ; feuilles opposées, ovales, effilées, à bord grossièrement denté ; tiges et feuilles couvertes de très nombreux poils urticants ; fleurs entre juin et octobre, fleurs mâles en panicules dressées dans les aisselles foliaires, femelles sur des plantes différentes, pendantes après la pollinisation ; fruits insignifiants.

HABITAT Bords des chemins, terres incultes, jardins ; très fréquente.

UTILISATIONS Les parties vertes contiennent dans les poils urticants de l'acétylcholine que l'on trouve également dans le système nerveux humain. La drogue est diurétique. La médecine populaire emploie les plantes fraîches en usage externe pour rhumatismes et sciatiques. En phytothérapie moderne, cette plante a une action sur l'acné et la chute des cheveux.

CARACTÉRISTIQUE
Sa hauteur imposante, ses feuilles dentées et surtout ses poils urticants font de l'Ortie dioïque une plante impossible à confondre.

› L'Alchémille des Alpes *(Alchemilla alpina)* pousse uniquement dans la montagne et possède des feuilles plus profondément divisées.

Alchémille | Manteau de Notre-Dame | Patte-de-lapin

Alchemilla vulgaris

DESCRIPTION Plante vivace de 25 à 50 cm de haut, avec tige dressée ; feuilles arrondies, profondément échancrées, palmées et pliées en éventail ; de juin à août, des inflorescences ombellées composées de fleurs vert jaunâtre, dépourvues de pétales ; fruits insignifiants, restant enfermés dans le calice.

HABITAT Forêts, fossés et prairies ; sur sols argileux humides, riches en humus ; fréquente.

UTILISATIONS Les parties vertes de l'Alchémille renferment principalement des tanins. Dans la médecine populaire, elle est utilisée en gargarisme et lors de problèmes intestinaux. Au Moyen Âge déjà, on lui allouait le pouvoir de soigner les désordres du cycle menstruel ; jusqu'à nos jours, elle est considérée comme remède efficace pour la santé et la beauté des femmes.

CARACTÉRISTIQUE
Les grandes feuilles de l'Alchémille recueillent pendant la nuit une abondante rosée.

> Les baies noires du Lierre sont particulièrement toxiques.

Lierre

Lierre grimpant | Bourreau des arbres

Hedera helix

Description Plante grimpante à feuilles persistantes qui peut atteindre 20 m de haut ; feuilles coriaces ; en septembre-octobre apparaissent des ombelles florales sphériques, fleurs solitaires verdâtres, insignifiantes, mais dégageant une intense odeur de miel ; baies globuleuses noires apparaissant au printemps de l'année suivante.

Habitat Forêts, broussailles, ruines, murs.

Utilisations Les feuilles du Lierre contiennent de l'iode, de la saponine et des alcaloïdes. Elles peuvent provoquer diarrhées et vomissements. Les baies sont particulièrement toxiques. Les substances expectorantes et antispasmodiques du Lierre sont utilisées dans des médicaments traitant coqueluche, toux et bronchite.

Caractéristique

Le Lierre montre deux sortes de feuilles : sur les rameaux non florifères, elles sont découpées en 3 à 5 lobes, sur les rameaux florifères, elles sont ovales et entières.

› Les fleurs du Tilleul d'été *(Tilia platyphyllos)*, très semblable, ont les mêmes vertus curatives.

Tilleul | Tilleul d'hiver | Tilleul à petites feuilles

Tilia cordata

DESCRIPTION Arbre à feuilles caduques pouvant atteindre 30 m de haut, avec tronc court et couronne étalée ; feuilles alternes, arrondies avec pointe courte, incisées en cœur oblique à la base du pétiole ; petites fleurs blanc verdâtres en juin-juillet, par groupes de 4 à 11 dans des inflorescences ombellées pendantes ; fruits en forme de nucules que l'on peut broyer entre les doigts.

HABITAT Forêts de feuillus mixtes, parcs et rues.

UTILISATIONS L'infusion de Tilleul sudorifique est un remède familial classique pour combattre les refroidissements accompagnés de fièvre. Elle est calmante et facilite l'endormissement. Elle est en outre administrée lors d'inflammation des voies respiratoires, ainsi que lors de troubles de la vessie et des reins. L'homéopathie l'utilise pour les rhumatismes.

CARACTÉRISTIQUE
Chaque inflorescence est soudée à sa base avec une feuille étroite, ce qui constitue une caractéristique sûre du Tilleul d'hiver.

› Chez l'Armoise commune, de petits fruits sans aigrette se développent à partir des capitules floraux.

Armoise commune | Artémise | Absinthe sauvage

Artemisia vulgaris

DESCRIPTION Plante vivace de 50 à 150 cm de haut, avec tiges vigoureuses cannelées ; feuilles alternes, couvertes d'un duvet feutré sur le dessous, pennées, folioles à leur tour profondément dentées ; entre juillet et septembre, de petits capitules agglomérés par centaines dans des panicules à l'extrémité de la tige, capitules présentant exclusivement des fleurs tubuleuses jaune brunâtre ; fruits ne dépassant pas 1,5 mm de long.

HABITAT Terres incultes, chemins et berges ; très fréquente.

UTILISATIONS Les parties vertes de l'Armoise commune renferment une huile essentielle et de la thuyone toxique, mais en très petites quantités. Cette plante est utilisée presque exclusivement dans la médecine populaire comme infusion et aromate. Elle stimule la formation des sucs digestifs et l'appétit.

CARACTÉRISTIQUE
Les tiges très ramifiées, souvent pruinées rougeâtres de l'Armoise commune restent tout au long de l'hiver.

> Le Grand Plantain *(Plantago major)* se distingue du Plantain lancéolé par ses feuilles plus larges, nettement pétiolées.

Plantain lancéolé

Langue-d'agneau | Herbe à cinq coutures

Plantago lanceolata

DESCRIPTION Plante vivace de 10 à 50 cm de haut ; feuilles toutes disposées en rosette basale mesurant 10 à 20 cm de long, mais tout au plus 2 cm de large ; de mai à septembre, de minuscules fleurs aux longues étamines blanches en un épi ovoïde à allongé, blanc-marron, à l'extrémité de la tige sans feuilles ; capsules minuscules.
HABITAT Prairies, bords des chemins et champs ; très fréquent.
UTILISATIONS Les feuilles contiennent des mucilages, des tanins et de l'acide silicique. En phytothérapie moderne, la drogue anti-inflammatoire, expectorante et soulageant la toux est administrée lors d'inflammations des voies respiratoires, rhume des foins, sinusite. Dans la médecine populaire, le jus frais des feuilles apaise les piqûres d'insectes.

CARACTÉRISTIQUE
La rosette foliaire composée de longues feuilles minces aux nervures longitudinales nettes caractérise le Plantain lancéolé.

Pavot somnifère

Gentiane jaune

L'efficacité des plantes de santé

La phytothérapie moderne fait la part entre les plantes de santé dont l'efficacité est démontrée et les autres. Elle ne prescrit que les drogues admises d'un point de vue médical. Cependant, le savoir transmis se reflète encore dans les utilisations que la médecine populaire fait de certaines plantes. Ce savoir se fonde d'abord sur des données expérimentales, mais parfois également sur des croyances plutôt mystiques. Ce guide indique toujours si la plante présentée ne joue un rôle que dans la médecine populaire ou bien aussi en phytothérapie moderne, en médecine classique ou en homéopathie.

Sauge officinale

Myrtille

› Souci

› Raisin-d'ours

› Digitale jaune

AVERTISSEMENT
De nombreuses plantes de santé peuvent contenir des substances toxiques, voire mortelles. La toxicité est toujours indiquée dans les descriptions. Absorbées en quantités trop importantes, les plantes faiblement toxiques peuvent, elles aussi, avoir des conséquences graves pour la santé. Ce guide sert à reconnaître dans leur environnement naturel les plantes de santé, mais ne doit en aucun cas être considéré comme un mode d'emploi pour collecter ou administrer soi-même les plantes décrites. Il est impératif de consulter un médecin ou un pharmacien avant de procéder à un traitement à base de plantes de santé.

Index des plantes de santé

A–Z

Index des plantes de santé

A–Z

Références photographiques

p. 2-3 : Échinacée à feuilles étroites, Pâquerette vivace, Chicorée sauvage, Ficaire, Houblon (de haut en bas) ; p. 10-11 : Églantier.

Crédits photographiques
Bellmann : 41 d, 60 g, 72 g, 79 d, 90, 105 d ; Blickwinkel : (Flohe) 46, (Matzer) 82 g, (Perseke) 6, 26, 92, (Tomm) 2 b, (Westerwinter) 113 d ; Eisenbeiss : couv. 2 hg, 13 g, 18 g, 27 d, 48 d, 49 g, 54 d, 60 d, 102 g, 103 d, 104 d, 112 g, 116 ; Garnweidner : 20 d, 31 d, 32 g, 37 g, 55 d, 67 d, 73 d, 85 ; Giel : 24 g ; Hinz : 3 h, 34 g, 36 g, 62 g ; Laubner : 12 g, 17 d, 21 g, 23 d, 28 g, 63 d, 66 g, 75 d, 83 d, 101 d, 114 g ; Laux : couv. 2 b d, 2 h, 8, 9 b, 14 d, 17 g, 19, 22 g, 25 d, 28 d, 40 g, 42 d, 43, 44, 47 d, 49 d, 56, 58 d, 59 g, 61 g, 65 d, 66 d, 69 d, 70 g, 72 d, 78 g, 81 g, 82 d, 83 g, 87 g, 94 g, 97 d, 103 g, 104 g, 109, 115 d, 119 g, 122 b d, 123 m ; Limbrunner : 9 h, 12 d, 111 ; Marktanner : 21 d, 34 d, 45, 91 ; Pforr, E. : 53 d, 77 d ; Pforr, M. : couv. 2 b g, h d, couv. 4, 2 m, 4, 10-11, 14 g, 15, 20 g, 22 d, 24 d, 29 g, 32 d, 38, 40 d, 41 g, 50, 59 d, 64, 71 d, 74, 77 g, 87 d, 88 g, 89, 93, 100, 106 g, 107, 108, 118 g, 119 d, 122 h, m, b g, 123 h ; Reinhard, H. : couv. 1, 3 b, 13 d, 18 d, 23 g, 27 g, 29 d, 30 d, 35 g, 36 d, 37 d, 39, 47 g, 48 g, 51, 52 d, 54 g, 58 g, 61 d, 62 d, 65 g, 67 g, 68 d, 69 g, 70 d, 71 g, 73 g, 75 g, 76 d, 78 d, 80, 81 d, 84 d, 86 d, 88 d, 94 d, 95 g, 96, 97 g, 99 g, 101 g, 105 g, 106 d, 110, 112 d, 113 g, 114 d, 115 g, 117 g, 120 g, 121 g ; Reinhard, N. : 102 d, 118 d ; Riedmiller : 42 g, 117 d, 123 b ; Schrempp : 25 g, 30 g, 33, 35 d, 84 g, 86 g, 98 d ; Willner : 16, 31 g, 52 g, 53 g, 57, 68 g, 76 g, 79 g, 95 d, 98 g, 120 d, 121 d ; Wisniewski : 55 g, 63 g, 99 d.

Avertissement
Nous avons apporté un soin particulier à la recherche et au contrôle des données et faits de ce guide, mais nous ne nous en portons pas garants. La responsabilité de dommages corporels, matériels et pécuniaires est exclue.

Direction éditoriale pour l'édition originale : Anita Zellner
Rédaction : Dr. Helga Hofmann
Maquette : H. Bornemann Design
Dessins : Johann Brandstetter
Traduction : Marlies Gerner
Édition française : Véronique Cezard

ISBN : 978-2-09-279139-4
N° d'éditeur : 10267789
Dépôt légal : avril 2021
Imprimé en France par Chirat
42540 Saint-Just-la-Pendue
en mars 2021
N° 202102.0169